职业教育课程创新精品系列教材

气压传动技术

主　编　王传艳　金　涛　王亮亮
副主编　孙孟莉　张建启　武　娟
参　编　刘　洋　宋新纲　李　睿　牛天平
主　审　游国祖

北京理工大学出版社
BEIJING INSTITUTE OF TECHNOLOGY PRESS

内容简介

本教材共分为九个项目二十个典型任务和一套综合习题集。前七个项目内容涵盖气压传动的基础理论知识，气压元件的结构原理与职能符号、基本气压传动系统的识读、搭建调试和电气控制。项目八内容涵盖符合区域内典型工作案例和生产流程需要的气压传动系统回路设计、搭建与控制调试。项目九内容涵盖典型的气压传动设备系统原理分析与故障诊断及排除，着重学生综合职业能力、创新精神和良好的职业道德培养。

本教材适用于中职院校装备制造大类相关专业的教学工作，如机电一体化、电气技术应用、工业机器人技术应用、数控技术应用、智能设备运行与维护等专业。也可供有关科研、设计部门及工厂等单位的专业技术人员参考使用。

版权专有　侵权必究

图书在版编目(CIP)数据

气压传动技术 / 王传艳，金涛，王亮亮主编. --北京：北京理工大学出版社，2024.4
　ISBN 978-7-5763-3921-5

Ⅰ.①气… Ⅱ.①王… ②金… ③王… Ⅲ.①气压传动-中等专业学校-教材 Ⅳ.①TH138

中国国家版本馆 CIP 数据核字(2024)第 090866 号

责任编辑：陈莉华　　**文案编辑**：李海燕
责任校对：周瑞红　　**责任印制**：边心超

出版发行 /	北京理工大学出版社有限责任公司
社　　址 /	北京市丰台区四合庄路6号
邮　　编 /	100070
电　　话 /	(010)68914026（教材售后服务热线）
	(010)68944437（课件资源服务热线）
网　　址 /	http://www.bitpress.com.cn
版 印 次 /	2024年4月第1版第1次印刷
印　　刷 /	定州市新华印刷有限公司
开　　本 /	889mm×1194mm　1/16
印　　张 /	12
字　　数 /	260千字
定　　价 /	33.90元

图书出现印装质量问题，请拨打售后服务热线，负责调换

前言
PREFACE

本教材根据职业教育国家教学标准体系中职业教育专业简介（2022年修订）液压与气动技术应用专业大纲内容编写。全书以真实生产任务、典型工作案例为载体，采用项目模块化、任务驱动的架构，共分为九个项目二十个典型任务。内容主要涵盖了气压传动的基础理论知识，气压元件的结构原理与职能符号，气压传动系统回路的设计、搭建调试和电气控制，典型的气压传动设备系统原理分析与故障诊断及排除等。

本教材服务于域内工厂企业用人需求和装备制造类学生职业生涯发展需求，在内容遴选上融入职教高考因素，突出教学内容的实用性与实践性，坚持以职业能力为本位，以气压传动技术应用为目的，以必需、够用为度，满足岗位职业需要，与相应的职业资格标准或职业技能等级证书标准接轨，侧重于相关专业学生进行专业性的、系统性的气压传动知识学习与实操培养，着力于学生综合职业能力、创新精神和良好的职业道德培养。可供中等职业学校机电一体化、电气技术应用、工业机器人技术应用、数控技术应用、智能制造运行与维护等专业学生使用。也可供有关科研、设计部门及工厂等单位的专业技术人员参考使用。

本教材项目主要任务案例源于周边高新产业园区的生产工程并添加了国家中职组液压气动装调技能大赛相关的技能知识案例。在编写过程中考虑到课程实施条件的差异性，教学条件基于普通的液压传动课程实训工具设备，气压传动系统回路采用独立板式液压元件设备，具有通用性与普遍性，一般性的教学条件能够满足本教材的大部分任务实施。

本教材由山东省轻工工程学校王传艳、金涛、王亮亮担任主编；山东省轻工工程学校孙孟莉、张建启、武娟担任副主编；青岛工程职业技术学院刘洋，山东省轻工工程学校宋新纲、李睿，荏原电产（青岛）科技有限公司高级工程师牛天平担任参编；山东省轻工工程学校游国祖担任主审。在本书编写过程中，得到了许多专家的指点和帮助，在此表示感谢！

限于编者水平，书中难免存在不足之处，恳请广大读者批评指正。

编　者

目 录
CONTENTS

| 绪论 | 1 |

项目一 剪切机气动系统组装调试 …… 3
 任务一 气动剪切机气源装置认识与调试 …… 4
 任务二 气动剪切机工作回路的搭建与调试 …… 15

项目二 气动冲压机系统搭建与调试 …… 27
 任务一 冲压机气缸的选择 …… 28
 任务二 压力控制回路的组装与调试 …… 38
 任务三 冲压机气动回路搭建与调试 …… 45

项目三 速度控制气动回路组装与调试 …… 53
 任务一 气动基本调速回路组装与调试 …… 54
 任务二 气动三段速控制回路搭建与调试 …… 59

项目四 折弯机气动系统组装与调试 …… 69
 任务一 折弯机的快速排气回路组装与调试 …… 70
 任务二 折弯机气动回路组装与调试 …… 73

| 项目五 | 压印装置气动系统组装与调试 | 82 |

　　任务一　压印设备气动延时阀回路搭建与调试　83
　　任务二　压印设备压力顺序阀控制回路　89
　　任务三　压印设备气动系统的组装与调试　96

| 项目六 | 真空吸吊机气动系统 | 100 |

　　任务一　吸吊机真空气动回路搭建与调试　101
　　任务二　吸吊机气动系统回路搭建与调试　108

| 项目七 | 加工中心气动夹紧与换刀系统 | 118 |

　　任务一　气动机床夹紧系统　119
　　任务二　H400型加工中心气动换刀系统　123

| 项目八 | 典型气动系统回路 | 132 |

　　任务一　公共汽车门气动系统　133
　　任务二　钻床自动化流水线气动系统　136

| 项目九 | 气动系统故障分析与维护 | 142 |

　　任务一　饮料灌装气动系统故障分析与维护　143
　　任务二　气-液动力滑台气动系统故障分析与维护　153

气压传动综合习题集　159

附件　175

　　附件1：气缸标准输出力参考　175
　　附件2：气缸内径与活塞杆圆整值　176
　　附件3：气动系统常见故障及排除　177
　　附件4：气动系统常见图形符号　183

参考文献　186

绪 论

气压传动技术是以压缩空气为工作介质进行能量传递和信号传递的一门技术，是实现各种生产控制、自动控制的重要手段。气压传动的工作原理是利用空压机把电动机或其他原动机输出的机械能转换为空气的压力能，然后在控制元件的作用下，通过执行元件把压力能转为直线运动或回转运动形式的机械能，从而完成各种动作并对外做功。气动控制系统则是利用气动逻辑元件或射流元件以实现逻辑运算等功能。

一、气压传动系统组成部分

气压传动系统和液压传动系统类似，也是由五部分组成的，它们是：

（1）气源装置：获得压缩空气的装置。其主体部分是空气压缩机，它将原动机供给的机械能转变为气体的压力能。

（2）控制元件：用来控制压缩空气的压力、流量和流动方向，使执行机构完成预定的工作循环。它包括各种压力控制阀、流量控制阀和方向控制阀等。

（3）执行元件：将气体的压力能转换成机械能的一种能量转换装置，它包括实现直线往复运动的气缸和实现连续回转运动或摆动的气马达或摆动马达等。

（4）辅助元件：能够实现压缩空气的净化、元件的润滑、元件间的连接及消声等功能，它包括过滤器、油雾器、管接头及消声器等。

（5）工作介质：压缩空气，作为传递能量的介质对系统工作性能有直接的影响。

二、气压传动优缺点

气压传动工作压力低，一般为 0.3~0.8 MPa。气体黏度与管道阻力小，便于集中供气和远距离输送，使用安全，无爆炸和油液污染风险，有过载保护能力。

（一）气压传动具有以下独特的优点

（1）处理、使用方便：以压缩空气作为工作介质，取之不尽，处理方便，用过以后直接排入大气，不会污染环境，且可少设置或不必设置回气管道。

（2）可远距离传输：空气的黏度很小，只有液压油的万分之一，流动阻力小，所以便于集中供气，中、远距离输送。

（3）干净：气动控制动作迅速，反应快；维护简单，工作介质清洁，不存在介质变质和更换等问题。

（4）安全可靠：工作环境适应性好，可应用在易燃、易爆、多尘埃、辐射、强磁、振动、冲击等恶劣的环境中。

（5）气动元器件结构简单：便于加工制造，使用寿命长，可靠性高。

（二）气压传动的缺点

（1）由于空气的可压缩性大，气压传动系统的速度稳定性差，给系统的速度和位置控制精度带来很大的影响。

（2）气压传动系统的噪声大，尤其是排气时需要加消音器。

（3）输出压力小，一般低于 1.5 MPa。因此气动系统输出力小，限制在 20～30 kN。

三、气压传动发展简史

气压传动的应用历史非常悠久。早在公元前，埃及人就开始利用风箱产生压缩空气用于助燃。后来，人们懂得用空气作为工作介质传递动力做功，如古代利用自然风力推动风车带动水车提水灌溉，利用风能航海。从 18 世纪的产业革命开始，气压传动逐渐被应用于各类行业中，如矿山用的风钻、火车的刹车装置、汽车的自动开关门等。

1829 年出现了多级空气压缩机，为气压传动的发展创造了条件。1871 年风镐开始用于采矿。1868 年美国人 G. 威斯汀豪斯发明气动制动装置，并在 1872 年用于铁路车辆的制动。后来，随着兵器、机械、化工等工业的发展，气动机具和控制系统得到广泛的应用。1930 年出现了低压气动调节器。20 世纪 50 年代研制成功用于导弹尾翼控制的高压气动伺服机构。20 世纪 60 年代发明射流和气动逻辑元件，遂使气压传动得到很大的发展。

如今，世界各国都把气压传动作为一种低成本的工业自动化手段应用于工业领域。国内外自 20 世纪 60 年代以来，随着工业机械化和自动化的发展，气压传动技术越来越广泛地应用于各个领域。如今，气压传动元件的发展速度已超过了液压元件，气压传动已成为一个独立的专门技术领域。

项目一

剪切机气动系统组装调试

 项目描述

机械式气动剪切机为小型锻压机械中的一种,主要用于金属加工行业,剪切机借助运动的上刀片和固定的刀片,采用合理的刀片间隙,对各种厚度的板材及各种直径的棒材施加剪切力,使其按所需的尺寸断裂分离开。

本项目采用常见的小型气动剪切机设备作为案例,如图1-1所示,介绍了该设备内部气动系统并对其回路进行模拟组建调试。通过对气动剪切机系统的工作原理分析、气动回路组装与调试,使学生对气压传动能源装置、换向阀的类型、工作原理、图形符号和基本应用回路有一个清晰的认识,并能够对此种气动剪切机设备的气动回路进行组装、调试与控制。

图1-1 气动剪切机

 项目目标

知识目标

(1) 了解气动剪切机的结构与工作流程。
(2) 掌握气源装置与换向阀的工作原理与图形符号。
(3) 学会气动剪切机设备的气动系统回路画法。

技能目标

(1) 能够认识气源装置元件,设计基本的气动换向回路。
(2) 会分析剪切机设备的气动系统回路工作原理。

(3) 能够搭建调试剪切机设备的气动系统回路。

素养目标

(1) 培养学生自主学习，勤于思考的能力。
(2) 培养学生团队意识，勤于做事的学习态度。
(3) 培养学生对待问题和任务的责任心。
(4) 培养学生安全生产意识，遵守文明操作规范。

任务一 气动剪切机气源装置认识与调试

任务布置

剪切机气源装置为气动系统在工作过程中提供干净稳定可靠的气源，是气压传动系统的能量源。本任务要求同学们正确指认出剪切机气源装置中的各类元件名称，说明它们的作用并且调试出如图1-2所示的气源输出压力。

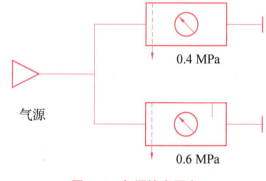

图1-2 气源输出压力

任务分析

气源装置是为气压系统提供干净稳定的压缩空气源的装置。

一、气源装置的基本组成

气源装置中，后冷却器用于降温冷却压缩空气，使净化的水凝结出来。油水分离器用于分离并排出降温冷却的水滴、油滴、杂质等。储气罐用于储存压缩空气，稳定压缩空气的压力并除去部分油分和水分。干燥器用于进一步吸收或排除压缩空气中的水分和油分，使之成为干燥空气。

如图1-3所示，气源装置基本组成是空气压缩机—后冷却器—除油器—储气罐（装有压力表、安全阀）等。此外，在食品、医疗、精密仪器等场合需要干燥器等其他气源处理设备。

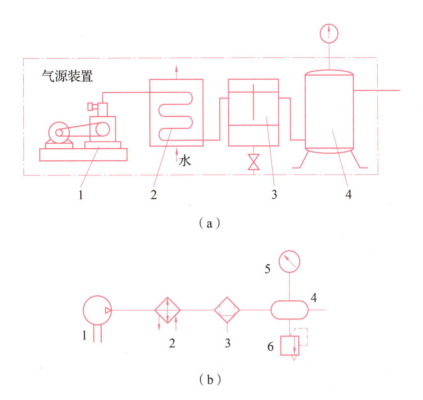

1—空气压缩机；2—后冷却器；3—除油器；4—储气罐；5—压力表；6—安全阀。

图 1-3 气源装置

（a）气源装置组成；（b）气源装置图形符号

二、空气压缩机

如图 1-4 所示，空气压缩机是一种用于压缩空气的设备，是将原动机（通常是电动机）的机械能转换成气体压力能的装置，其吸气口装有空气过滤器，以减少进入空气压缩机的杂质。

1. 空气压缩机的类型

如图 1-5 所示，空气压缩机按工作原理可分为三大类：容积型、动力型（速度型或透平型）、热力型。其中，往复活塞式空气压缩机适应性强，容易实现运行调节，故应用较广。

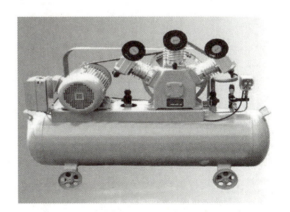

图 1-4 空气压缩机

2. 空气压缩机结构与工作原理

如图 1-6 所示，电机带动曲柄顺时针旋转，在连杆与十字接头的带动下活塞右移，气缸密封腔空间增大，腔内压力降低，排气门阀芯堵住腔孔，与气缸密封腔阻断，进气门阀芯在大气压的作用下打开，空气进入气缸密封腔，气缸密封腔充气，活塞到达最右端后充气过程结束。随着曲柄继续旋转，活塞开始左移，气缸密封腔空间减小，腔内压力升高，进气门阀芯堵住气缸腔孔，排气门阀芯在高压的作用下被顶开，压缩空气进入系统为系统供气，活塞到达最左端后供气过程结束。

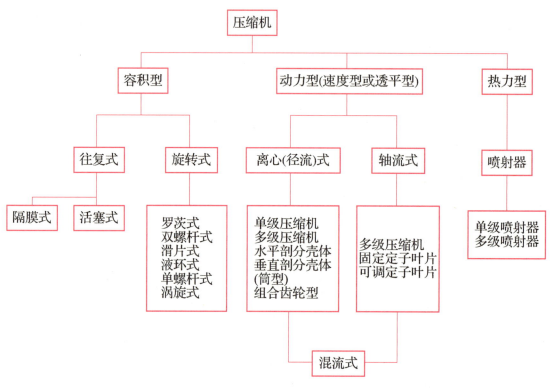

图 1-5 空气压缩机类型

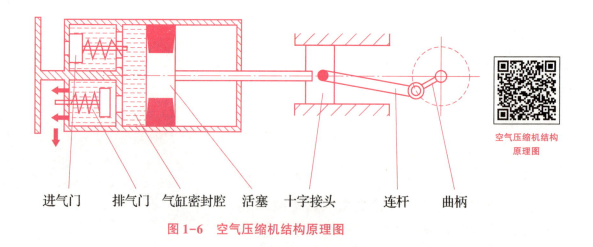

图 1-6 空气压缩机结构原理图

3. 空气压缩机外部常见组成元器件

如图 1-7 所示，空气压缩机外部常见组成元器件有储气罐、压力表、安全阀、纯铜电机、接线盒、电磁开关、消声器、减压阀、双出气口等。

图 1-7　空气压缩机外部常见组成元器件

三、气源三联件介绍

在气动技术中，将空气过滤器（F）、减压阀（R）和油雾器（L）三种气源处理元器件组装在一起称为气源三联件，即 F.R.L。气源三联件常用在为进入气动系统之前的气源进行净化过滤并且将气源压力减压至气动系统所需要的额定压力的作用场合，相当于电路中的电源变压器。另外，若将空气过滤器和减压阀设计成一个整体，称为气源二联件。

如图 1-8 所示，气源三联件包括空气过滤器、减压阀、油雾器三大件。空气过滤器用于对气源的清洁，可过滤压缩空气中的水分，避免水分随气体进入装置。减压阀可对气源进行稳压，使气源处于恒定状态，可减小因气源气压突变时对阀门或执行器等硬件的损伤。油雾器可对机体运动部件进行润滑，可以对不方便加润滑油的部件进行润滑，大大延长机体的使用寿命。

气源三联件的安装顺序按进气方向依次为空气过滤器、减压阀、油雾器，是多数气动系统中不可缺少的气源装置，安装在用气设备近处，是压缩空气质量的最后保证，其设计和安装，除确保气源三联件自身质量外，还要考虑节省空间、操作安装方便、可任意组合等因素。

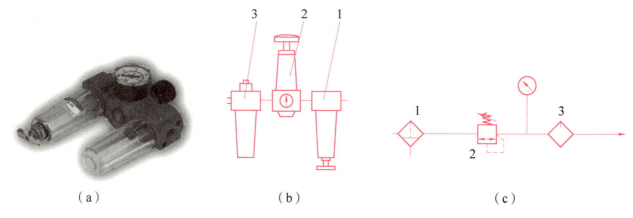

1—空气过滤器；2—减压阀；3—油雾器。

图1-8　气源三联件组成与图形符号

（a）实物图；（b）结构组成；（c）图形符号

如图1-9所示为气源三联件与气源二联件简略图形符号。

图1-9　气源三联件与气源二联件简略图形符号

（a）气源三联件；（b）气源二联件

1. 空气过滤器

空气过滤器指将压缩空气中的水汽、油滴及其他一些杂质从气体中分离出来，达到净化作用的元件，又称为分水滤气器。

空气中所含的杂质进入气动系统会加剧器件的磨损，加速润滑油的老化，降低密封性能，增加功率损耗。空气过滤器结构原理如图1-10所示，是根据杂质物质与空气分子的大小和质量不同，利用惯性、阻隔和吸附的方法将其从空气中分离。空气从入口进入后，在旋转的惯性下将大部分水滴、油滴、细小颗粒等杂质留在器壁上形成液滴流入器底，空气通过滤芯过滤进一步将杂质去除后，通过出口流出。

2. 油雾器

油雾器是一种特殊的注油装置，是一种把需要的润滑剂加入空气流中的元器件，常用在空气介质需要润滑的场合。在气动系统中，动力是通过闭合回路中的压缩空气

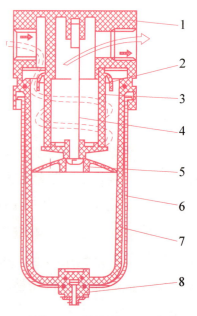

1—壳体；2—导流板；3—滤芯；
4—锁紧螺栓；5—伞形挡水板；
6—保护罩；7—水杯；8—排水阀。

图1-10　空气过滤器结构原理

来传递和控制的，油雾器将润滑油进行雾化并注入空气流中，随压缩空气流入需要润滑的部位，达到润滑的目的，但由于很多产品都可以做到无油润滑，所以气源三联件油雾器的使用频率越来越低了，没有油雾器的时候气源三联件变为气源二联件。

任务准备

认识气源所需元器件，如表 1-1 所示。

表 1-1　气源元器件

元器件名称	数量	元器件名称	数量
空气压缩机	1	气源二联件	1
气源三联件	1	气管	若干
三通口	1	气套管塞子	2

任务实施

(1) 认识空气压缩机外部结构，对照空气压缩机，指出表 1-2 中的元器件。

空气压缩机外部器件气源装置介绍

表 1-2　空气压缩机外部元器件确认表

元器件名称	是否确认	作用
电机		
安全阀		
开关		
压力表		
储气罐		
出气口		

(2) 选择气源三联件和气源二联件，观察外观，记录两者之间的差别，填入表 1-3 中。

表 1-3　气源三联件与气源二联件对比表

名称	组成元器件	区别
气源三联件		
气源二联件		

9

(3) 在实训台上安装气源三联件和气源二联件。

(4) 按照图1-11搭建气源回路,合规且正确地利用气管连接气动元器件。

(5) 检查无误后,在教师的指导下打开空气压缩机开关为系统供气。

(6) 按照如图1-11所示压力调节气源输出压力。

① 气源三联件调定输出压力为0.6 MPa;

② 气源二联件调定输出压力为0.4 MPa。

(7) 填写任务记录表1-4,做好任务记录。

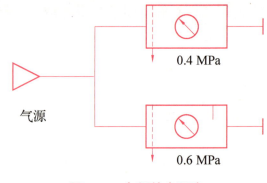

图1-11 气源输出回路

表1-4 任务记录表

任务事项		完成情况	备注
空气压缩机认识与操作	外部元器件认识		
	出气口连接		
	供气开关操作		
	上电操作		
气源系统搭建调试	元器件布局、线路连接		
	气源三联件压力调试		
	气源二联件压力调试		
	任务实施问题记录		

 任务评价

任务评价表如表1-5所示。

表1-5 任务评价表

项目	要求	分数	得分	评价反馈与建议
过程性实施情况	工具使用规范	5		
	供气开关操作规范	5		
	线路连接规范正确	10		
	元器件选择安装正确	10		
	回路搭建调试	20		
	压缩机元器件认识	10		

续表

项目	要求	分数	得分	评价反馈与建议
结果完成情况	压缩机正常工作	10		
	压力调试正确	10		
素质培养	自主解决问题能力	5		
	团结协作能力	5		
	工作态度	5		
文明规范	行为、着装文明	5		
总分				
总结反思				

任务作业

1. 基础作业

（1）简述空气压缩机的类型与组成元器件。
（2）描述气源三联件的组成并绘制气源三联件的图形符号。

2. 拓展作业

画出气源装置供气，气源三联件调压的供气系统图。

知识拓展

常见的气源装置元器件

一、储气罐

储气罐是指专门用来储存气体的设备，在气动系统中，空气进入压缩机通过增压后送入储气罐，然后再由储气罐管道供到各个用气地点。

储气罐在空气压缩系统中的主要作用是保证供气稳定。压缩空气在储气罐中沉淀积水，调节气动设备因用气量不平衡而造成的气压波动，增加用气设备的压力稳定性，或者储备一部分压缩空气，在空气压缩机发生故障时，此部分压缩空气对气动设备或气动控制系统作紧急处理之用。另外，集中供气的气压网络系统或重型卡车，有多个储气罐。

根据储气罐的承受压力不同可以分为高压储气罐、低压储气罐和常压储气罐。储气罐（压力容器）一般由筒体、封头、法兰、接管、密封元件和支座等零件和部件组成。在储气罐上，安装有安全阀、压力表、压力继电器等（后者用于空气压缩机的运行调节），如图1-12所示。

图1-12 储气罐结构示意图

二、后冷却器

后冷却器是将气源中的水蒸气进行冷凝排除的装置。在气动系统中，空气压缩机输出的压缩空气温度可达180℃，在此温度下，空气的水分完全呈气态。后冷却器的作用是利用热交换原理，将空气压缩机出口的高温空气冷却至40℃以下，将大量水蒸气和变质油雾冷凝成液态水滴和油滴，以便将它们清除掉。如果没有后冷却器，在低温环境中可能导致气动系统管路里存积水分，将影响元件动作、洗掉运动部件表面的油雾、腐蚀气动零件，甚至冰冻住运动部件。

后冷却器按照结构形式分有板式、伞式、蛇管式等。常用的冷却介质有两种：冷却水和空气。因为水冷后的温度低，能除去更多的水，所以常用水冷式后冷却器。气冷式后冷却器常用在水质硬或取水困难的地方。总体而言，后冷却器具有结构简单紧凑、使用方便、造价便宜、实用可靠等优点。

水冷式后冷却器的工作原理如图1-13所示，空气压缩机输出的高温气源进入水冷式后冷却器内部，高温气体与在管道里循环流动的冷却水发生热交换后，导致气体温度降低，气源中含有的水蒸气与气态油雾遇冷变成液态存积在水冷式后冷却器底部并通过疏水阀排出。

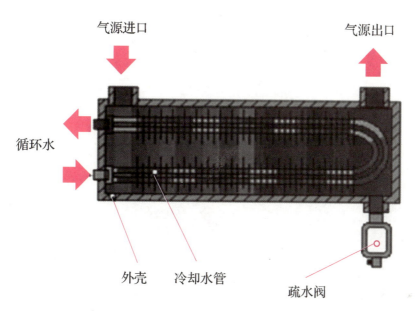

图1-13　水冷式后冷却器的工作原理

后冷却器图形符号如图1-14所示。

图1-14　后冷却器图形符号

（a）液体冷却的冷却器；（b）无冷却液流道指示的冷却器

三、油水分离器

油水分离器用于分离压缩空气中凝聚的水分和油分等杂质，使压缩空气得到初步净化，一般使用压力为 0.1~2.5 MPa。

当压缩空气进入油水分离器后产生流向和速度的急剧变化，再依靠惯性作用，将密度比压缩空气大的油滴和水滴分离出来。常见的为撞击式油水分离器和环形回转式油水分离器。

如图 1-15 所示，压缩空气自入口进入油水分离器壳体后，气流先受隔板阻挡撞击折回向下，继而又回升向上，产生环形回转。这样使水滴和油滴在离心力和惯性力作用下，从空气中分离析出并沉降在壳体底部。

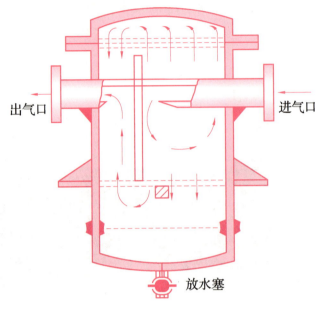

图 1-15　油水分离器工作原理示意图

油水分离器图形符号如图 1-16 所示。

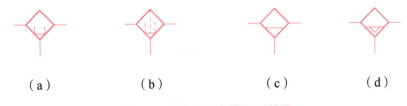

图 1-16　油水分离器图形符号

（a）吸附式过滤器；（b）油雾分离器；（c）、（d）自动排水油水分离器

知识拓展

压缩空气的污染与防治

党的二十大指出，坚持精准治污、科学治污、依法治污，持续深入打好蓝天、碧水、净土保卫战。在气压传动系统中，压缩空气的污染主要是指水分与油分对气动系统的污染与影响。

一、油分对气动系统的污染与防治

1. 油液污染

这里提到的油液主要是指使用过的因受热而变质的润滑油。压缩机使用的一部分润滑油成雾状混入压缩空气中，受热后引起汽化随压缩空气一起进入系统，将使密封件变形，造成空气泄漏，摩擦阻力增大，阀和执行元件动作不良，而且还会污染环境。

2. 油液污染的防治

清除压缩空气中油分的方法主要有：

（1）较大的油分颗粒，通过除油器和空气过滤器的分离作用同空气分开，从设备底部排污阀排出。

（2）较小的油分颗粒，则可通过活性炭吸附作用清除。

二、水分对气动系统的污染与防治

1. 水分污染

空气压缩机吸入含水分（水蒸气）的湿空气经压缩后提高压力保存在气罐或进入了气动系统中，当温度降低时，压缩空气中的水蒸气再度冷却形成液滴附着在管道壁，最后凝结析出冷凝水，致使管道和元件锈蚀，影响其性能。

2. 水分污染的防治

防止冷凝水侵入压缩空气的方法是：及时排除系统各排水阀中积存的冷凝水，经常注意自动排水器、干燥器的工作是否正常，定期清洗空气过滤器、自动排水器的内部元件等。

任务二　气动剪切机工作回路的搭建与调试

任务布置

气动剪切机工作系统采用基本换向控制回路进行工作。本任务要求学生熟练掌握气动换向阀的类型、结构原理与特点。识读如图1-17所示的气动剪切机工作回路系统图，正确选择气动换向阀，合理安装、布局元器件，搭建、调试气动换向回路。

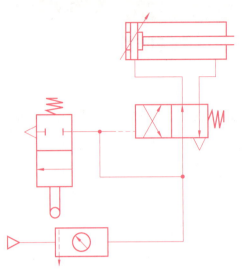

气动剪切机工作回路

图1-17 气动剪切机工作回路系统图

任务分析

气动换向阀是气压系统中控制气流流向与通断的元件。其作用是通过改变阀芯与阀体的相对位置来控制相应气路接通、切断或变换气流的方向,实现对执行元件运动方向的控制。

一、换向阀主体介绍

换向阀主体包含阀芯和阀体,按照阀芯位置和进出油口数分为二位二通、二位三通、二位四通、三位四通、三位五通等多种类型。

(一)气动换向阀的符号描述与字母表述

在换向阀主体符号中,我们通常要注意几点:

(1)用方格数表示阀的工作位置数,方框数即"位"数。

(2)一个方格内,箭头或"⊥"与方格的交点数为气口通路数,即"通"数。箭头表示油口相通,并不表示流向;"⊥"表示该气口不通。

(3)控制方式和复位弹簧符号画在方格两侧。

(4)字母P代表进气口,字母O、T代表回气口,字母A、B分别代表两个工作进出气口。

(二)气动换向阀主体结构特点与图形符号介绍

1. 二位三通换向阀主体

二位三通换向阀主体功能:控制气路的通与断,并具有对回路排气的作用。二位三通换向阀主体结构剖面图与图形符号如图1-18所示。

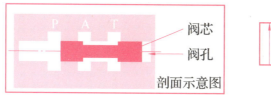

图 1-18 二位三通换向阀主体结构剖面图与图形符号

2. 三位四通换向阀主体

三位四通换向阀的主体功能：改变气流方向，控制气流双向流动并实现锁紧、卸荷、保压、差动连接等中位机能。三位四通换向阀主体结构剖面图与图形符号如图 1-19 所示。

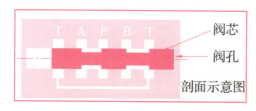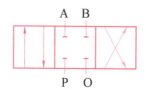

图 1-19 三位四通换向阀主体结构剖面图与图形符号

3. 三位五通换向阀主体

三位五通换向阀的主体功能：除了改变气流方向控制气流双向流动并实现锁紧、卸荷、保压、差动连接等中位机能外，还可实现不同的排气回路。三位五通换向阀主体结构剖面图与图形符号如图 1-20 所示。

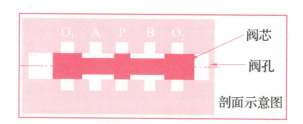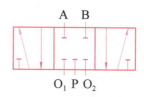

图 1-20 三位五通换向阀主体结构剖面图与图形符号

如图 1-21（a）所示为二位三通换向阀主体简化应用回路。该回路的优点是控制简化，结构紧凑，但只能控制气缸的单向运动，无法应用于气缸双向运动控制的场合。

如图 1-21（b）所示为三位四通换向阀主体简化应用回路，该回路既可以实现对气缸双向运动的控制，又能够在中间某处停止锁紧。因此，该回路广泛应用于各种气缸的方向控制。

如图 1-21（c）所示为三位五通换向阀主体简化应用回路。该回路既可以实现对气缸双向运动的控制，又能够在中间某处停止。在缸的伸出与缩回过程中，排气回路存在差异不同。

（三）换向阀主体结构与符号

换向阀主体结构与符号汇总如表 1-6 所示。

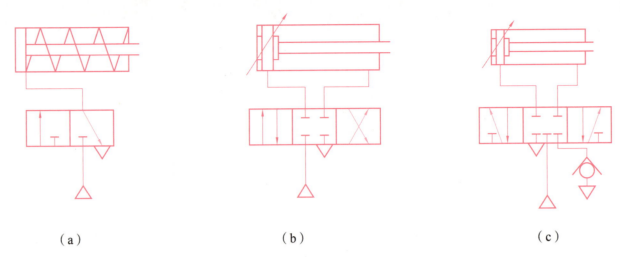

图 1-21 换向阀主体简化应用回路

(a) 二位三通；(b) 三位四通；(c) 三位五通

表 1-6 换向阀主体结构与符号汇总

名称	符号	名称	符号
二位二通	A / P	二位五通	A B / $O_1 P O_2$
二位三通	A / P O	三位四通	A B / P O
二位四通	A B / P O	三位五通	A B / $O_1 P O_2$

二、气动剪切机工作原理

如图 1-22 所示，气源装置处理的压缩空气通过气源三联件输出气动剪切机需要的气源。系统未上料时，行程阀 8 处于初始常闭状态，高压气源进入气控式换向阀 9 的控制 A 口，使其阀芯移动换向，剪切缸 10 处于缩回状态。当系统上料时，物料推动行程阀 8 的阀芯移动换向，致使气控式换向阀 9 的控制 A 口气源压力降低，气控式换向阀 9 的阀芯在弹簧作用下复位，高压气源经过气控式换向阀 9 的主体推动剪切缸 10 工作。

任务准备

搭建回路所需元器件，如表 1-7 所示。

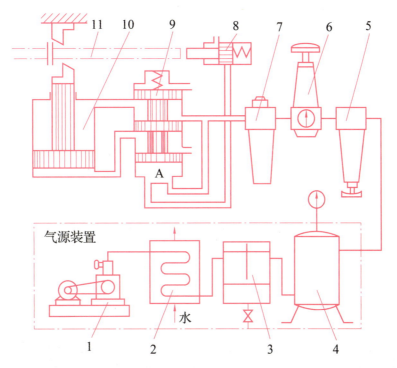

1—空气压缩机；2—后冷却器；3—除油器；4—储气罐；5—空气过滤器；
6—减压阀；7—油雾器；8—行程阀；9—气控式换向阀；10—剪切缸。

图1-22 气动剪切机工作原理图

表1-7 搭建回路所需元器件

元器件名称	数量	元器件名称	数量
机动式换向阀（常闭）	1	气控式换向阀（二位四通）	1
气源三联件	1	气管	若干
三通口	2	双作用气缸	1

实施步骤

气动剪切机工作回路

(1) 按照图1-17所示的气动剪切机工作回路系统图准备气动元器件，并合理布局。

(2) 按照图1-17搭建工作回路，正确利用气管连接气动元器件。

(3) 检查无误后，打开空气压缩机开关为系统上气。

(4) 调节气源二联件的减压阀使气源输出的压力为0.04 MPa。

(5) 填写任务记录表1-8，做好任务记录。

表 1-8　任务记录表

任务事项		完成情况	备注
工作回路搭建	气动元器件选择		
	元器件布局		
	系统气路连接		
工作回路调试	输出压力调试		
	行程阀调试		
	气控式换向阀调试		
	任务实施问题记录		

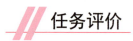

任务评价

任务评价表如表 1-9 所示。

表 1-9　任务评价表

项目	要求	分数	得分	评价反馈与建议
过程性实施情况	工具使用规范	5		
	气源开关操作规范	5		
	线路连接规范正确	10		
	元器件选择安装正确	10		
	回路搭建调试	20		
结果完成情况	压力调试正确	10		
	气控式换向阀换向正确	10		
	行程阀换向正确	10		
素质培养	自主解决问题能力	5		
	团结协作能力	5		
	工作态度	5		
文明规范	行为、着装文明	5		
总分				
总结反思				

任务作业

1. 基础作业

（1）简述气动剪切机的工作流程与原理。

（2）画出各类型的换向阀主体图形符号。

2. 拓展作业

搜索查询资料，分析脚踏式气动剪切机的工作原理。

知识拓展

换向阀定位操纵装置与中位机能

一、换向阀操纵定位装置

如图1-23所示为不同操纵类型的气动换向阀。换向阀操纵定位装置的主要作用是通过多种形式控制换向阀阀芯的运动以改变其工作位置，从而控制改变压缩空气不同的流动方向。

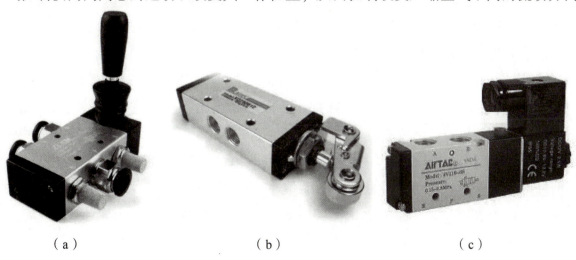

（a） （b） （c）

图1-23 不同操纵类型的气动换向阀

（a）手动式；（b）机动式；（c）电磁式

1. 手动式换向阀

手动式换向阀常应用在小流量需徒手操作的场合。手动式具有结构简单、操纵容易、价格低廉等优点，但本身换向精度低，无法实现准确的换向。手动式换向阀图形符号如图 1-24（a）所示，其主要有弹簧复位和钢珠定位两种形式。

2. 机动式换向阀

机动式换向阀又称行程换向阀，它是用挡铁或凸轮推动阀芯实现换向。机动式换向阀能够准确控制换向位置，具有较高的换向精度，一般应用在需要行程控制的场合，但不适合于远程控制。机动式换向阀图形符号如图 1-24（b）所示。

3. 电磁式换向阀

电磁式换向阀是利用电磁铁吸力推动阀芯来改变阀的工作位置。因为它可借助按钮开关、行程限位开关、压力继电器等发出的信号进行控制，操作上轻便且易于实现自动化，应用广泛。电磁式换向阀图形符号如图 1-24（c）所示。

电磁式换向阀根据阀用电磁铁所用电源的不同常有以下两种形式：

（1）交流电磁铁。交流电磁铁的额定电压一般为交流 220 V，电气线路配置简单。交流电磁铁起动力较大，换向时间短，但换向冲击大，工作时温升高（故其外壳设有散热筋）；当阀芯卡住时，电磁铁因电流过大易烧坏，可靠性较差，所以切换频率不许超过 30 次/min；工作寿命较短。

（2）直流电磁铁。直流电磁铁的额定电压一般为直流 24 V，因此需要专用直流电源。其优点是不会因铁芯卡住而烧坏（故其圆筒形外壳上没有散热筋），体积小，工作可靠，允许切换频率为 120 次/min，换向冲击小，使用寿命较长。但起动力比交流电磁铁小。

不管是直流电磁铁还是交流电磁，都可做成干式的、油浸式的和湿式的。

（1）干式电磁铁的线圈、铁芯与轭铁处于空气中不和油接触，电磁铁与阀芯联结时，在推杆的外周有密封圈。此类电磁铁附有手动推杆，一旦电磁铁发生故障时可使阀芯手动换位。此类电磁铁是简单气动系统常用的一种形式。

（2）油浸式电磁铁的线圈和铁芯都浸在无压油液中。推杆和衔铁端部都装有密封圈。油可帮助线圈散热，且可改善推杆的润滑条件，所以寿命远比干式电磁铁长。因有多处密封，此种电磁铁的灵敏性较差，造价较高。

（3）湿式电磁铁也叫耐压式电磁铁，它和油浸式电磁铁的不同之处是推杆处无密封圈，线圈和衔铁都浸在有压油液中，故散热好，摩擦小，还因油液的阻尼作用而减小了切换时的冲击和噪声，所以湿式电磁铁具有吸声小、寿命长、温升低等优点。

4. 气控式换向阀

气控式换向阀是用压缩空气推动阀芯，变换流体流动方向的方向控制阀。气控式换向阀按控制方式不同分为加压控制、卸压控制和差压控制 3 种。加压控制是指所加的控制信号压力增加到阀芯的动作压力时,主阀芯换向,卸压控制是指所加的气控信号压力减小到某一压力值时,主阀芯换向,差压控制是使主阀芯在两端压力差的作用下换向。气控式换向阀按主阀结构不同,又可分为截止式和滑阀式两种主要形式。气控式换向阀图形符号如图 1-24(d)所示。

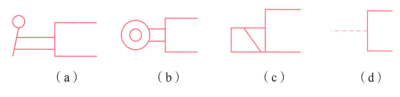

图 1-24 操纵定位装置图形符号

(a)手动式;(b)机动式;(c)电磁式;(d)气控式

二、换向阀中位机能

换向阀中位机能是指三位主体换向阀里的阀芯处在中间位置时各气路口的连通形式,不同的中位机能可以满足气压系统的不同要求。常见的换向阀中位机能有 O 型、M 型、H 型、P 型和 Y 型等多种类型。

通常三位主体换向阀的中间位为常态位,二位主体换向阀图形符号中靠近弹簧的一侧位为常态位。在气动系统原理图中,换向阀的气路连接一般画在常态位上。换向阀主要类型中位机能图形符号汇总如表 1-10 所示。

表 1-10 换向阀主要类型中位机能图形符号汇总

中位机能名称	四通主体	五通主体
O 型		
M 型		
H 型		
P 型		
Y 型		

换向阀中位机能具有的性能特点:

(1)换向阀中位机能具有使气缸锁紧的特点。

如图 1-25(a)所示,当 A、B 两个气缸口堵塞不通时,气缸处于锁紧状态,可使气缸在任意位置处停下保持静止。A、B 两个气缸口任意一个气缸口堵塞不通的情况我们称为单向锁紧,两个气缸口都堵塞不通时我们称为双向锁紧。需要注意的是换向阀受滑阀泄漏的影响,有些换向阀的中位通常只用来保持气缸短时间的锁紧状态。

（2）换向阀中位机能具有使气缸浮动的特点。

如图1-25（b）所示，当A、B、T三口自由互通时，气缸浮动，方便中位时调整活塞杆的工作位置，注意气缸浮动与气缸能够移动一点的区别。

（3）换向阀中位机能具有使气动系统保压的特点。

如图1-25（a）所示，当P口被阻不通，该系统不消耗气源压力，气动系统的气源可保持足够的压力提供给其他子系统，不影响其他子系统的运行工作。

（4）换向阀中位机能具有实现单杆活塞气缸差动连接进气方式的特点。

如图1-25（c）所示，当P、A、B三个气缸口相互连通时，单杆活塞气缸实现了差动连接的进气方式，此时气缸朝有杆腔方向移动，气缸的输出推力较小，移动速度快。

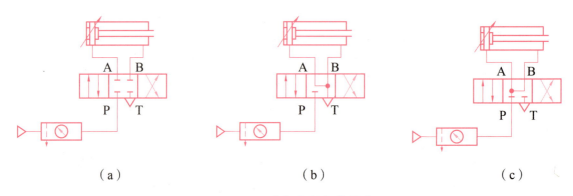

图1-25 三位阀中位机能特点

（a）M型；（b）Y型；（c）P型

◇项目习题

一、选择题

（1）（　　）是把空气压缩后给气动回路提供动力的装置。

A. 气缸　　　　　B. 气动马达　　　　C. 空气压缩机　　　D. 气管

（2）下列不属于气源三联件的是（　　）。

A. 油雾器　　　　B. 减压阀　　　　　C. 过滤器　　　　　D. 气泵

（3）（　　）主要功用是对空气进行压缩，并对压缩后的空气进行处理，向系统供应干净、干燥的压缩空气。

A. 气泵　　　　　B. 气缸　　　　　　C. 滤清器　　　　　D. 气源装置

（4）下列属于气泵的图形符号的是（　　）。

A.　　　　　　　B.　　　　　　　　C.　　　　　　　　D.

（5）下列属于空气过滤器的图形符号是（　　）。

A. ◇ B. ◇ C. ◇ D. ◇

（6）下列图形符号属于气控操纵方式的是（　　）。

A.　　　B.　　　C.　　　D.

（7）三位阀的常态位是（　　）。

A. 左位　　　B. 中间位　　　C. 右位　　　D. 任意位

（8）下列（　　）操纵定位方式常用作自动控制。

A. 手动式　　　B. 电磁式　　　C. 液控式　　　D. 机动式

（9）（　　）换向阀又称为行程阀。

A. 手动式　　　B. 电磁式　　　C. 液控式　　　D. 机动式

（10）（　　）中位机能可使气缸处于锁紧状态。

A. O 型　　　B. H 型　　　C. Y 型　　　D. P 型

二、判断题

（1）空气压缩机不仅能够压缩空气，而且可以对压缩空气进行除油、除水、干燥、冷却等措施。（　　）

（2）图形符号 表示双电控二位三通换向阀。（　　）

（3）储气罐的作用是储存压缩空气消除压力脉动，保证供气的连续性和稳定性。（　　）

（4）图形符号 表示机动式换向阀。（　　）

（5）H 型中位机能具有油缸浮动的特点。（　　）

（6）二位阀中靠近弹簧复位那一侧的位为初始位置。（　　）

（7）气源三联件与二联件相比多了过滤器。（　　）

（8）液控换向阀具有大流量的特点。（　　）

三、填空题

（1）空气压缩机是一种用于压缩空气的设备，是将_____能转换成_____能的装置，其吸气口装有_____，以减少进入空气压缩机的杂质。

（2）气源装置基本组成是：_____、后冷却器、除油器、储气罐（装有安全阀、压力表）等。

（3）换向阀主体包含_____和_____，按照阀芯位置和进出油口数分为二位二通、二位三通、二位四通、_____、三位五通等多种类型。

（4）字母 P 常用来表示_____口。

（5）当 A、B 两个气缸口堵塞不通时，气缸处于_____状态，可使气缸在任意位置处停下保持静止。

(6) _____换向阀常应用在小流量，需徒手操作的场合，具有结构简单，操纵容易，价格低廉，能源低碳等优点。

(7) 换向阀三位五通的主体功能除了改变气流方向控制气流双向流动并实现_____、卸荷、保压、差动连接等中位机能外，还可实现不同的_____。

(8) _____是将气源中的水蒸气进行冷凝排除的装置。

(9) 油水分离器用于分离压缩空气中凝聚的_____和_____等杂质，使压缩空气得到初步净化，一般使用压力为 0.1~2.5 MPa。

(10) 换向阀的中位机能是指三位主体换向阀里的阀芯处在_____位置时各气路口的连通形式，不同的中位机能可以满足液压系统的不同要求。常见的换向阀中位机能有_____型、_____型、_____型、_____型和_____型等多种类型。

四、简答画图题

(1) 说出一般气源装置的组成元器件。

(2) 简述储气罐的作用。

(3) 画出操纵定位装置的图形符号并说明其用途特点。

(4) 画出各换向阀中位机能的类型并简述相对应类型特点。

(5) 画出双气控二位五通换向阀的图形符号。

五、分析如图 1-26 所示的气动回路

(1) 说出标号元器件的名称。

(2) 简述阀 2、阀 3 与阀 4 的作用。

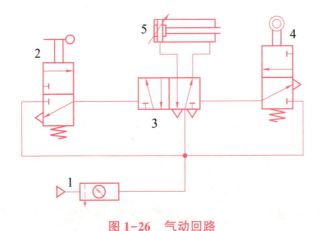

图 1-26　气动回路

项目二

气动冲压机系统搭建与调试

🔧 项目描述

气动冲压机是利用空气压缩机产生的高压气体在控制阀的控制调节动作下使气缸完成工作需要的物料冲压工作的。如图 2-1 所示,本项目以常见的脚踏式电磁阀控制的气动冲压机设备作为典型案例,介绍了气动系统的气缸类型与参数,该设备冲压机气动系统的组成、工作原理与电气控制。通过本项目的学习,要求学生能够从实际的工作条件出发,对于气缸各项参数作出正确的选择,达到能够熟练地组装调试冲压机气动系统工作回路与电气控制回路的目的。

图 2-1 气动冲压机实物

🔧 项目目标

知识目标

(1) 了解气动冲压机的结构与工作流程。
(2) 掌握气缸的类型、参数与图形符号。
(3) 学会气动压力控制回路的工作原理。
(4) 学会气动冲压机设备系统工作回路与电气控制回路画法。

技能目标

(1) 能够根据不同工作条件合理选用气缸。
(2) 会分析气动压力控制回路工作原理。
(3) 能够搭建调试冲压机设备气动系统工作回路与电气控制回路。

素养目标
(1) 培养学生自主学习，勤于思考的能力。
(2) 培养学生团队意识，勤于做事的学习态度。
(3) 培养学生对待问题和任务的责任心。
(4) 培养学生安全生产意识，遵守文明操作规范。

任务一　冲压机气缸的选择

任务布置

气动冲压机采用气缸作为冲压执行元件，气缸的类型与结构参数直接影响了气动冲压机系统的工作性能和完成质量。本任务中，气动冲压机气源装置提供的空气压力为 0.8 MPa，气动冲压机能够输出的最大冲力为 1 TF[①]，有效行程为 300 mm，根据工作条件正确选用合适的气缸型号。

任务分析

气动执行元件是将气体压力能转换成机械能，以实现往复运动或回转运动的气动元器件。气动执行元件包括气缸与气动马达。一般来说，实现直线往复运动的气动执行元件称为气缸，实现回转运动的称为气动马达。

一、气缸的类型

气缸有往复直线运动和往复摆动运动两种类型。往复直线运动的气缸又可分为单作用气缸、双作用气缸、膜片式气缸和冲击气缸等。各类型气缸实物图如图 2-2 所示。

（1）单作用气缸：仅一端有活塞杆，从活塞一侧供气聚能产生气压，气压推动活塞产生推力伸出，靠弹簧或自重返回。

（2）双作用气缸：从活塞两侧交替供气，在一个或两个方向输出力。

（3）膜片式气缸：用膜片代替活塞，只在一个方向输出力，用弹簧复位。它的密封性能好，但行程短。

（4）冲击气缸：这是一种新型元件。它把压缩空气的压力能转换为活塞高速（10～

---

① 1 TF = 9.8×10³ N。

20 m/s）运动的动能，借以做功。

（5）无杆气缸：没有活塞杆的气缸的总称。有磁性气缸，缆索气缸两大类。做往复摆动的气缸称摆动气缸，由叶片将内腔分隔为二，向两腔交替供气，输出轴做摆动运动，摆动角小于280°。此外，还有回转气缸、气液阻尼缸和步进气缸等。

图2-2　各类型气缸实物图

二、气动活塞缸的结构组成

气动活塞缸是由缸筒、端盖、活塞、活塞杆和密封圈等组成，其内部结构如图2-3所示。

（1）缸筒：缸筒的内径大小代表了气缸输出力的大小。活塞要在缸筒内做平稳的往复滑动，缸筒内表面的表面粗糙度应达到0.8 μm。

（2）端盖：端盖上设有进、排气通口，有的还在端盖内设有缓冲机构。杆侧端盖上设有密封圈和防尘圈，以防止从活塞杆处向外漏气和防止外部灰尘混入缸内。杆侧端盖上设有导向套，以提高气缸的导向精度，承受活塞杆上少量的横向负载，减小活塞杆伸出时的下弯量，延长气缸使用寿命。

（3）活塞：活塞是气缸中的受压力零件。为防止活塞左右两腔相互窜气，设有活塞密封圈。活塞的宽度由密封圈尺寸和必要的滑动部分长度来决定。滑动部分太短，易引起早期磨损和卡死。活塞的材质常用铝合金和铸铁，小型缸的活塞有黄铜制成的。

（4）活塞杆：活塞杆是气缸中最重要的受力零件。通常使用高碳钢、表面经镀硬铬处理、或使用不锈钢以防腐蚀，并提高密封圈的耐磨性。

（5）密封圈：回转或往复运动处的部件密封称为动密封，静止件部分的密封称为静密封。

缸筒与端盖的连接方法主要有：整体型、铆接型、螺纹连接型、法兰型、拉杆型。部分气缸工作时需要靠气源中的油雾对活塞进行润滑，也有部分免润滑气缸。

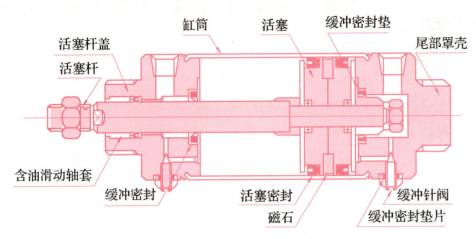

图 2-3 气动活塞缸结构示意图

三、气动单杆活塞缸的腔体概述

如图 2-4 所示，气动单杆活塞缸的活塞将缸体分为有杆腔与无杆腔两部分，进、出气口放置位置在靠近两端的侧面位置。无杆腔与有杆腔的通流截面积是不同的。无杆腔通流截面积 A＝有杆腔通流截面积 B＋活塞杆横截面积 C。

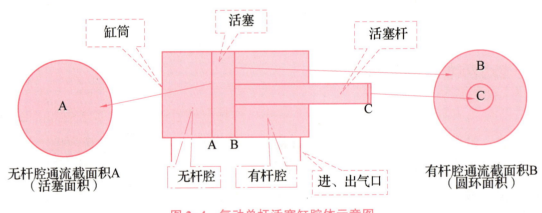

图 2-4 气动单杆活塞缸腔体示意图

四、气缸的工作参数与设计（选择）计算

1. 气缸推力

以单杆活塞缸为例，通常以无杆腔侧作为工进驱动腔。

（1）理论推力（活塞杆伸出）：

$$F_1 = p \cdot A_1 = \frac{\pi}{4} D^2 \cdot p \tag{2-1}$$

（2）理论拉力（活塞杆缩回）：

$$F_2 = p \cdot A_2 = \frac{\pi}{4}(D^2 - d^2) \cdot p \tag{2-2}$$

其中，A_1 为无杆腔活塞面积，A_2 为有杆腔活塞面积，D 表示活塞直径，d 表示活塞杆直径。p 为工作压力，可以类比同类设备。

对于双杆活塞缸，须确定一个杆径比：$\lambda = d/D$。

实际中，由于活塞等运动部件的惯性力以及密封等部分的摩擦力，活塞杆的实际输出力小于理论推力。根据工作条件计算出的 D，d，应对照 GB 系列值圆整，然后查阅产品样本或自行设计。

2. 气缸的效率

气缸的效率是气缸的实际推力和理论推力的比值。气缸的效率取决于密封的种类，气缸内表面和活塞杆加工的状态及润滑状态。此外，气缸的运动速度、排气腔压力、外载荷状况及管道状态等都会对效率产生一定的影响。

3. 气缸负载率 η

从对气缸运行特性的研究可知，要精确确定气缸的实际输出力是困难的，因此在研究气缸性能和确定气缸的输出力时，常用到负载率的概念。

气缸负载率 η 是指气缸活塞杆受到的轴向负载力与理论输出力的比值。

即：气缸负载率 $\eta = \dfrac{\text{轴向负载力} F'}{\text{理论输出力} F} \times 100\%$

气缸的实际负载是由实际工况所决定的，若确定了气缸负载率 η，则由定义就能确定气缸的理论输出力，从而可以计算气缸的缸径。对于阻性负载，如气缸用作气动夹具，负载不产生惯性力，一般选取负载率 η 为 0.8；对于惯性负载，如气缸用来推送工件，负载将产生惯性力，如表 2-1 所示，负载率 η 的取值如下。

表 2-1 负载率与负载运动状态关系

负载运动状态	静负载	动载荷		
		气缸速度小于 100 mm/s	气缸速度 100~500 mm/s	气缸速度大于 500 mm/s
负载率 η	≤80%	≤65%	≤50%	≤30%

依据工作过程经验，负载率与气缸工作压力具有下述关系，如表 2-2 所示。

表 2-2 负载率与气缸工作压力关系

工作压力/MPa	0.16	0.2	0.24	0.3
负载率 η	0.1~0.3	0.15~0.4	0.2~0.5	0.25~0.6
工作压力/MPa	0.4	0.5	0.6	0.7~1
负载率 η	0.3~0.65	0.35~0.7	0.4~0.75	0.45~0.75

4. 气缸耗气量

气缸的耗气量是活塞每分钟移动的容积，称这个容积为压缩空气耗气量，一般情况下，气缸的耗气量是指自由空气耗气量。

五、气缸的选型

根据工作要求和条件，正确选择气缸的类型：

（1）要求气缸到达行程终端无冲击现象和撞击噪声应选择缓冲气缸。
（2）要求质量小，应选轻型缸；要求安装空间窄且行程短，可选薄型缸。
（3）有横向负载，可选带导杆气缸。
（4）要求制动精度高，应选锁紧气缸。
（5）不允许活塞杆旋转，可选具有杆不回转功能气缸。
（6）高温环境下需选用耐热缸。
（7）在有腐蚀环境下，需选用耐腐蚀气缸。
（8）在有灰尘等恶劣环境下，需要活塞杆伸出端安装防尘罩。
（9）要求无污染时需要选用无给油或无油润滑气缸等。

选择气缸的类型后，要计算气缸内径（D）和活塞杆直径（d）的大小。计算气缸缸径的大小根据工作条件相关的负载、系统提供的气源压力及负载力作用方向确定。需要注意的是气缸使用的压力根据气源供气条件来确定，一般气缸使用的压力应小于减压阀进口压力的 85%，然后再结合气缸的有效行程和厂家的气缸型号参数，选择合适型号的气缸。

任务准备

气动冲压机工作时需要产生较大的冲压力向下运动对零件进行冲压，冲压完毕缩回时要带动模具轻载较快上行，根据气动冲压机的工作过程特点，选用双作用单杆活塞气缸作为气动冲床的执行元件，主要冲压力由无杆腔侧产生。

确定气缸类型后，查阅网站书籍准备相关资料：

（1）气缸负载率与负载运动状态关系表。
（2）气缸负载率与工作压力关系表。
（3）气缸内径圆整值表。
（4）气缸活塞杆直径圆整值表。
（5）标准气缸厂家具体型号结构参数相关资料。

实施步骤

本任务中的气动冲压机气源装置提供的空气压力为 0.8 MPa，气动冲压机能够输出的最大冲力为 1 TF，有效行程为 300 mm。

1. 确定气缸内径与活塞杆直径

（1）确定冲压机的负载力。本任务中，冲压机的负载力属于提升类负载状态，根据本工作任务要求，确定气缸的负载力等于最大冲力，为 1 TF。

（2）选择气缸负载率 η。本任务中，气动冲压机工作时属于动载荷，工作速度不高，结合气源装置提供 0.8 MPa 的空气压力，综合表 2-1 与表 2-2 所示选择气动冲压机负载率为 $\eta=0.5$。

（3）计算气缸活塞内径。

根据条件已知：

$$F = 1 \text{ Tf} = 9\,800 \text{ N}, \eta = 0.5, p = 0.8 \text{ MPa};$$

单杆活塞气缸计算公式：

气缸伸出时，理论输出力

$$F = \frac{\pi}{4} p \eta D^2; \tag{2-3}$$

气缸缩回时，理论输出力

$$F = \frac{\pi}{4} p \eta (D^2 - d^2)。 \tag{2-4}$$

由公式（2-3）得出气动冲压机活塞内径值：

$$D = \sqrt{\frac{4F}{\pi p \eta}} = \sqrt{\frac{4 \times 9\,800}{\pi \times 0.8 \times 0.5}} = 176.66 \text{ mm}$$

查阅气缸内径圆整值表（见附件2）进行圆整，由于带括号气缸内径一般不选用，所以气缸内径取 $D = 200$ mm。

（4）计算活塞杆直径。

确定气缸内径后，一般按照 $\lambda = d/D = 0.2 \sim 0.3$ 进行计算，确定气动冲压机活塞杆直径。

$$d = (0.2 \sim 0.3)D = (0.2 \sim 0.3) \times 200 = (40 \sim 60) \text{ mm}。$$

查阅活塞杆直径圆整值表（见附件2）进行圆整，取活塞杆直径 $d = 50$ mm。

2. 确定气缸的型号

经过上面计算已知气缸内径为 200 mm，活塞杆直径为 50 mm，有效行程为 300 mm。气动冲压机在工作移动时速度较快，需要具有一定的缓冲装置。根据这些要求我们以有代表性的 FESTO 公司生产的气缸举例进行选择。

一般工作条件我们首选制式标准气缸，结合上述条件尺寸，查阅产品资料查看气缸主要工作性能，选用该公司产品符合 ISO 15552 类别的 DNG（公制）型号，满足气缸内径 200 mm 且带有缓冲装置条件要求。最终确定选用型号为 DNG-200-PPV-A 类型的气缸。

3. 填写任务记录表2-3，做好任务记录。

表2-3 任务记录表

任务事项		完成情况	备注
资料准备	负载率与负载运动表		
	负载率与工作压力表		
	活塞杆直径圆整值表		
	气缸内径圆整值表		
	标厂家具体型号参数		
参数计算	活塞内径		
	活塞内径圆整		
	活塞杆直径		
	活塞杆直径圆整		
结果	型号选择		

任务评价

任务评价表如表2-4所示。

表2-4 任务评价表

项目	要求	分数	得分	评价反馈与建议
过程性实施情况	资料准备	20		
	气缸类别选择	10		
	活塞内径参数计算	15		
	活塞杆直径参数计算	15		
	参数圆整	5		
结果完成	气缸正确选型	20		
素质培养	自主解决问题能力	5		
	团队协作能力	5		
	搜集资料能力	5		
总分				
总结反思				

任务作业

1. 基础作业

（1）写出单杆活塞气缸的进气方式及特点。

（2）推导写出单活塞气缸无杆腔侧与有杆腔侧推力与速度公式。

（3）列举三种工况说明气缸如何选型。

2. 拓展作业

搜索查询资料，说明不同种类的气缸。

知识拓展

常见气动执行元件

一、薄膜式气缸

薄膜式气缸（见图2-5）的结构外形类似于一种圆筒形金属机件，是一种利用压缩空气通过薄膜推动活塞杆做往复直线运动，将空气压力能转换为机械能的气缸。

如图2-6所示，薄膜式气缸主要由缸体、活塞杆、薄膜片和膜盘等主要部件组成，分为单作用薄膜式气缸和双作用薄膜式气缸两种。

图2-5 薄膜式气缸

与活塞式气缸相比，薄膜式气缸具有结构紧凑简单、制造容易、成本低、寿命长、泄漏小、效率高等优点，但是膜片的变形量有限，行程短。主要用在印刷（张力控制）、半导体（点焊机、芯片研磨）、自动化控制、机器人等领域。

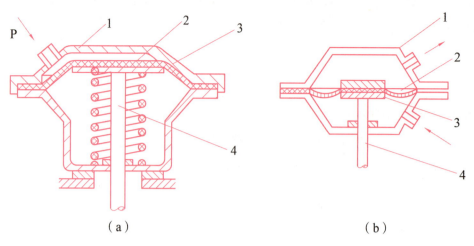

1—缸体；2—薄膜片；3—膜盘；4—活塞杆。

图 2-6 薄膜式气缸结构

（a）单作用式；（b）双作用式

二、冲击气缸

冲击气缸是一种专门为了满足对冲击力有较高要求的场合而开发的一种特殊功能气缸，具有体积小、结构简单、速度快、易于制造、耗气功率小但能产生相当大冲击力的特点。例如钢铁材质工件的打标、部件冲孔、下料等操作，都需要较高的冲击力才可以完成该类操作。

冲击气缸能够把压缩空气的压力能转换为活塞高速（10~20 m/s）运动的动能，用以带负载做功。如图 2-7 所示，冲击气缸的结构特点是增加了一个具有一定容积的蓄能腔和喷嘴，带有喷口和泄流口的中盖。中盖和活塞把气缸分成储能腔、头腔和尾腔三部分。

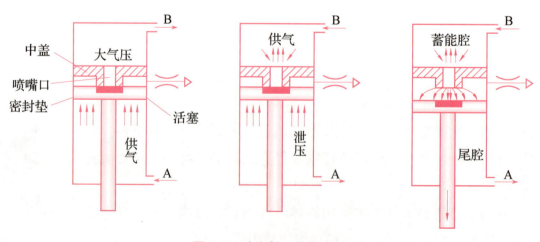

图 2-7 冲击气缸结构原理

当压缩空气进入储能腔时，其压力只能通过喷嘴口作用在活塞上，受力面积小，喷嘴处于关闭状态。随着储能腔内的压力逐渐升高到作用在喷嘴口小面积上的总推力大于活塞杆腔的总阻力时，活塞向下运动，喷嘴口开启。此时聚集在储能腔内的高压压缩空气通过喷嘴突然作用于活塞的全部面积上。喷嘴口处的气流的流速可达声速，喷入活塞腔的高速气流进一步膨胀，产生冲击波，波的阵面压力可以高达气源压力的几倍到几十倍，给予活塞很大的向下推力。活塞杆腔内压力很低，活塞在很大的压差作用下迅速加速，在很短的时间内以极大的速度向下冲击，从而获得很大的动能。

通常与普通气缸相比，冲击气缸会采用一些特殊的设计，比如加大缸径、加重冲击活塞杆、减小缸壁的摩擦系数、气缸活塞杆采用反冲装置等来实现冲击功能。采用这些特殊技术，既能增大气缸的冲击力又可以延长气缸的使用寿命。

三、气-液阻尼缸

气-液阻尼缸（见图2-8）又叫气液稳速缸，是气压缸和液压缸的组合缸，用气压缸产生驱动力，用液体的不可压缩性和液压缸的阻尼调节作用限制气压传动的波动和冲动，提高工作稳定性，适用于要求气压缸慢速均匀运动的场合。

气-液阻尼缸按其结构不同，可分为串联式和并联式两种。如图2-9所示，串联式气-液阻尼缸结构工作原理：气压缸和液压缸共用同一缸体，由一根活塞杆将气压缸的活塞和液压缸的活塞串联在一起，两缸之间用隔板隔开，防止空气与液压油互窜。当气压缸5右侧进气口进气时推动气压缸5活塞左移，在连杆的作用下液压缸4活塞左移，液压缸4右侧口出油经过节流阀3调速，活塞杆平稳伸出。

图2-8 气-液阻尼缸

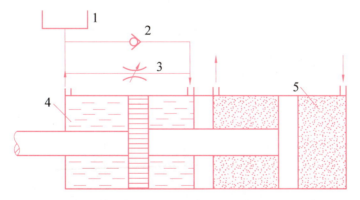

1—补油器；2—单向阀；3—节流阀；4—液压缸；5—气压缸。
图2-9 串联式气-液阻尼缸结构工作原理

四、气动马达

气动马达（见图2-10）也是气动执行元器件的一种，将气体压力能转化为机械能，输出力矩，拖动机构做旋转圆周运动。气动马达按结构形式可分为叶片式气动马达、活塞式气动马达和薄膜式气动马达等。最为常见的是活塞式气动马达和叶片式气动马达。

活塞式气动马达具有动力足、结构复杂、尺寸大、耗气量较大、价格高等特点。活塞式气动马达适用于转速低、转矩大的场合，主要应用在矿山机械，也可用作传送带等的驱动马达。

叶片式气动马达具有制造简单、结构紧凑、低速运动、转矩小、低速性能较差等特点。叶片式气动马达适用于中、低功率的机械，目前在矿山及风动工具中应用普遍。

图 2-10　气动马达

任务二　压力控制回路的组装与调试

任务布置

压力控制回路为冲压机气动系统提供了稳定可靠的工作气源，满足了冲压机的压力需求。识读图 2-11 所示高、低压力控制系统回路图，熟练使用减压阀调压，对气动系统中常见的高低压力控制回路进行组装与调试。

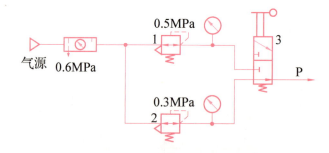

图 2-11　高、低压力控制系统回路图

任务分析

气体压力控制阀主要有减压阀、溢流阀和顺序阀。它们都是利用作用于阀芯上的流体（空气）压力和弹簧力相平衡的原理来进行工作的。调节手柄以控制阀口开度的大小，即可控制输出压力的大小。

一、气动减压阀

气动系统有别于液压系统,通常每一个液压系统都自带液压源(液压泵)。而在气动系统中,一般来说由空气压缩机先将空气压缩储存在储气罐内,然后经管路输送给各个气动装置使用。而储气罐的空气压力往往比各台设备实际所需要的压力高些,同时其压力波动值也较大,因此需要用减压阀(调压阀)将其压力减到每台装置所需的压力,并使减压后的压力稳定在所需压力值上。

如图2-12所示,调节手柄改变调压弹簧的预紧力控制阀口开度大小,阀芯处于打开状态。高压气流通过进气口流入阀内从出气口流出,出气口处气流通过阻尼孔进入上腔作用在膜片上产生向上的推力与弹簧力相平衡。当出气口处压力过高,气体作用在膜片上的推力大于弹簧预紧压力时,阀芯上移,进气口与出气口之间的阀芯通口通流面积减小,出气口处压力相对下降。当出气口处压力降低,气体作用在膜片上的推力小于弹簧预紧压力时,阀芯下移,进气口与出气口之间的阀芯通口通流面积增大,出气口处压力相对上升。因此,不论进气口压力是否波动,减压阀出气口压力始终保持在弹簧设定的预紧力内,工作压力恒定不变。

气动减压阀图形符号如图2-13所示。

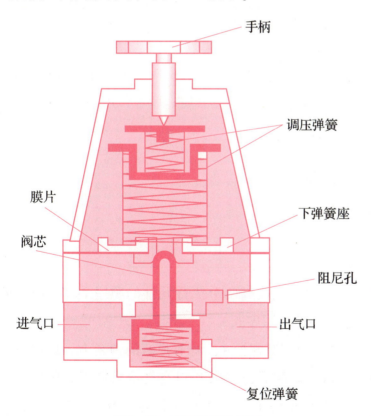

图2-12 减压阀结构原理　　　　图2-13 气动减压阀图形符号

二、气动溢流阀

气动回路或储气罐为了安全起见,当储气罐或回路中的压力超过允许压力值时,需要用安全阀向外放气,实现自动排气,这种压力控制阀叫安全阀(溢流阀)。安全阀常在气动系统中起过载保护作用。

如图 2-14 所示,旋转气动溢流阀的调节螺栓调节弹簧的预紧力设定溢流阀开启压力。如图 2-14(a)所示,当进气口 P 气体压力低于弹簧预紧力时,阀芯处于关闭状态,进气口 P 与排气口 O 不相通。如图 2-14(b)所示,当进气口 P 中气体压力高于弹簧预紧力时,阀芯被高压气体顶开,进气口 P 与排气口 O 相通,P 口气体通过 O 口排入大气中,使 P 口压力下降,P 口压力保持在溢流阀设定值上。

气动溢流阀图形符号如图 2-15 所示。

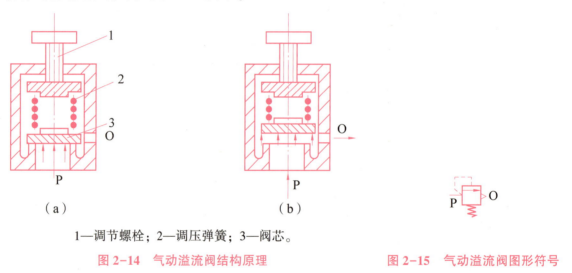

1—调节螺栓;2—调压弹簧;3—阀芯。

图 2-14 气动溢流阀结构原理　　图 2-15 气动溢流阀图形符号

三、气动单向顺序阀

有些气动回路需要依靠回路中压力变化实现控制两个执行元件的顺序动作,所用的这种阀就是顺序阀。顺序阀与单向阀的组合称为单向顺序阀。

如图 2-16 所示,旋转气动单向顺序阀的调节螺栓 1,调节弹簧的预紧力,设定单向顺序阀的开启压力。当压缩空气由左端 P 口进入阀腔后,如果 P 口空气压力低于调压弹簧 2 预紧力时,阀芯 3 不动处于关闭状态,单向阀 4 关闭,P 口与 A 口不相通。当作用于活塞上的 P 口空气压力超过调压弹簧 2 预紧力时,气体将活塞顶起,压缩空气从 P 口流经 A 口输出,单向阀 4 关闭。如果压缩空气从 A 口流进阀内,气体通过单向阀 4 从 P 口流出。

气动单向顺序阀图形符号如图 2-17 所示。

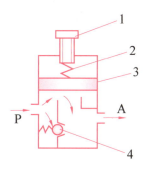
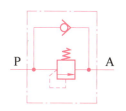

1—调节螺栓；2—调压弹簧；3—阀芯；4—单向阀。

图 2-16　气动单向顺序阀结构原理　　　　图 2-17　气动单向顺序阀图形符号

四、压力控制回路

压力控制回路是指使回路中的压力保持在一定范围内，或使回路得到高、低不同压力的基本回路。

1. 一次压力控制回路

一次压力控制回路：用于控制储气罐的压力，使之不超过规定压力。如图 2-18 所示，一次压力控制回路通常采用外控式溢流阀来控制，也可用电接点的压力表代替溢流阀（安全阀）来控制空气压缩机电机的启、停。

回路特点：采用溢流阀结构简单，工作可靠，但气量浪费大；电接点压力表对电机及控制要求高，常用于对小型空气压缩机的控制。

2. 二次压力控制回路

二次压力控制回路：主要用于气源压力控制，指每台气动设备的气源进口处的压力调节回路。如图 2-19 所示，由气源三联件分水滤气器、减压阀与油雾器组成的压力控制回路。此回路是气动设备中必不可少的常用回路，主要采用减压阀来调整压力。

图 2-18　一次压力控制回路　　　　图 2-19　二次压力控制回路

3. 高、低压力转换控制回路

如图 2-11 所示，此回路采用两个减压阀分别调出高、低压两个不同压力的回路。由换向阀 3 控制输出气动设备所需要的压力。图中的换向阀为手动阀，根据系统的情况，也可选用其他控制方式的阀。

任务准备

任务所需元器件如表 2-5 所示。

表 2-5　任务所需元器件

元器件名称	数量	元器件名称	数量
气源三联件	1	带压力表气动减压阀	2
手动式换向阀	1	气管	若干

实施步骤

高、低压力控制回路系统

（1）参照图 2-11 所示，选择正确的气动元器件进行合理布局。

（2）在气动实训台上，按照图 2-11 通过气管正确连接气动元器件。

（3）检查无误后，在教师的指导下打开空气压缩机开关为系统上气。

（4）按照图 2-11 所示的压力要求，依次调节气源三联件、减压阀 1、减压阀 2 的输出压力分别为 0.6 MPa、0.5 MPa、0.3 MPa。

（5）控制手动式二位三通换向阀换向调节输出压力，切换输出高、低压力。

（6）填写任务记录表 2-6，做好任务记录。

表 2-6　任务记录表

任务事项		完成情况	备注
气源系统搭建调试	元器件选择与布局		
	元器件与线路连接		
	供气开关操作		
气源系统压力调试	气源三联件调压		
	溢流阀调压		
	换向阀操作		
任务实施问题记录			

任务评价

任务评价表如表 2-7 所示。

表 2-7　任务评价表

项目	要求	分数	得分	评价反馈与建议
过程性实施情况	工具使用规范	10		
	元器件选择安装正确	20		
	回路搭建调试	30		
结果完成情况	压力调试正确	10		
	高、低压正确切换	10		
素质培养	自主解决问题能力	10		
	团结协作能力	10		
总结反思				

任务作业

1. 基础作业

绘制出二次压力控制回路并写出其组成元器件及作用。

2. 拓展作业

请同学们设计气动系统气源输出回路，要求能够输出三次压力。

知识拓展

安全保护气动回路

在企业生产过程中，气动机构负荷的过载、气压的突然降低以及气动执行机构的快速动作等原因都可能危及操作人员或设备的安全，为了防止类似意外情况的发生，工厂常采用安全保护回路。常见的气动安全保护回路有过载保护气动回路、互锁气动回路、安全操作气动回路等。

一、双手操作与门安全回路

双手操作与门安全回路的要求是只有同时起动按下两个手动换向阀，气缸才能动作，对操作人员起到安全保护作用，通常应用在冲床、锻压机床上避免操作人员误操作。

如图 2-20 所示，单气控式换向阀 3 处于初始位置时，双作用气缸处于缩回状态。只有操作人员同时按下手动阀 1 与手动阀 2 时，单气控式换向阀 3 阀芯才能移动，开始换向，双作用气缸才能伸出工作。

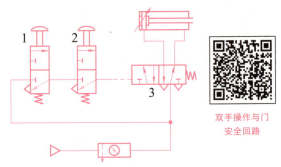

1，2—手动阀；3—单气控式换向阀。

图 2-20 双手操作与门安全回路

二、过载保护气动回路

当活塞杆在伸出途中遇到偶然障碍或其他原因使气缸过载时，活塞停止，气动系统压力不超过设定限值或者活塞立即缩回，实现过载保护。

如图 2-21 所示，单气控式换向阀 3 常态下双作用气缸处于缩回状态，按下手动阀 1 单气控式换向阀 3 阀芯移动换向，双作用气缸伸出。在双作用气缸伸出过程中，如遇到障碍 A，气缸无杆腔与供气管道压力升高到设定限值时打开顺序阀 5，压缩空气进入单气控式换向阀 4 控制口使其阀芯换向，导致单气控式换向阀 3 控制口压力降低，单气控换向阀 3 复位，双作用气缸缩回。如果气缸伸出过程中没有遇到障碍 A，运行到 SQ1 位置时压紧行程阀 2，行程阀 2 阀芯换向导致单气控式换向阀 3 控制口压力降低，单气控式换向阀 3 复位，双作用气缸缩回。

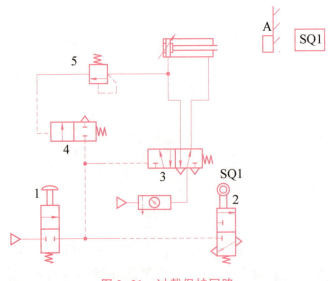

图 2-21 过载保护回路

三、气动互锁保护回路

如图 2-22 所示,单气控主阀换向必须同时压紧三个串联的机动式行程阀,只有三个机动式行程阀都接通时,双作用气缸活塞才能伸出动作。

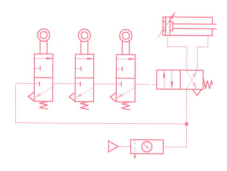

图 2-22　气动互锁保护回路

任务三　冲压机气动回路搭建与调试

任务布置

识读图 2-23 所示冲压机气动系统图,模拟搭建调试一款简易的脚踏式冲压机气动系统回路。看懂气动冲压机对应的电气原理图,结合气动系统图搭建调试电气控制回路,控制电磁阀动作完成冲压机工作。

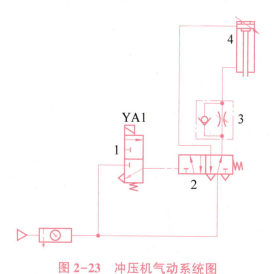

冲压机气动系统

图 2-23　冲压机气动系统图

任务分析

气动冲压机利用压缩机产生的高压气体,通过脚踏开关控制的电磁阀动作来实现气缸的工作和返回,从而达到冲孔的目的。

一、气动冲压机的结构原理与特点

如图 2-24 所示,气动冲压机主要由行程可调节气缸、电磁阀、工作台、冲头、脚踏开关、节流阀等元器件组成。气动冲压机的气源压缩空气可以存储在储气罐中,随时取用,因而电动机没有空转的能源浪费。利用气缸作为工作部件、利用电磁阀作为控制元件,使本机结构更加简单,操作简单方便、故障率低、安全性高、维修简单、维修成本低、生产效率高。

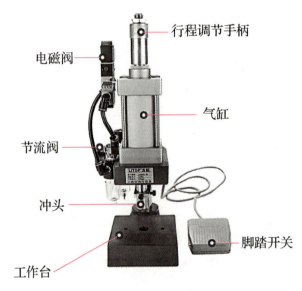

图 2-24 气动冲压机结构示意图

二、冲压机气动系统

如图 2-23 所示,电磁阀 1 处于常态位时,高压气体经过单气控式换向阀 2 初始位进入可调气缸 4 的有杆腔,换向气缸处于缩回状态。当脚踏开关闭合控制电磁线圈 YA1 得电时,电磁阀 1 换向,控制单气控式换向阀 2 换向,高压气体经过单气控式换向阀 2 进入可调气缸 4 的无杆腔,可调气缸处于伸出冲压状态,单向节流阀 3 对可调气缸伸出进行回气路调速。冲压机气动系统运动状态变化如表 2-8 所示。

表 2-8 冲压机气动系统运动状态变化

电磁线圈 YA1 状态	单气控式换向阀状态	可调气缸状态
失电	初始状态(右位)	下降伸出
得电	换向动作(左位)	上升缩回

三、冲压机气动系统电气控制回路

如图 2-25 所示，脚踏开关按钮控制中间继电器 KA1 线圈得电，中间继电器辅助常开开关闭合使电磁阀的电磁线圈 YA1 得电，电磁阀动作换向，冲压机气缸下行伸出工作。当松开脚踏开关按钮，中间继电器 KA1 线圈失电，辅助常开开关断开使电磁阀的电磁线圈 YA1 失电，电磁式换向阀复位。

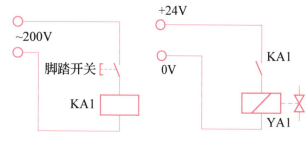

图 2-25　冲压机电气控制原理图

任务准备

1. 搭建冲压机气动系统回路所需元器件，如表 2-9 所示。

表 2-9　搭建冲压机气动系统回路所需元器件

元器件名称	数量	元器件名称	数量
气源二联件	1	电磁式二位三通换向阀	1
单向节流阀	1	单气控二位五通换向阀	1
可调双作用气缸	1	气管	若干

2. 搭建冲压机电气控制回路所需元器件，如表 2-10 所示。

表 2-10　搭建冲压机电气控制回路所需元器件

元器件名称	数量	元器件名称	数量
复位开关按钮	1	中间继电器	1
24V 电源	1	220V 电源	1

实施步骤

气动冲压机

（1）选择正确的气动元器件。

（2）根据冲压机气动系统图 2-23，对气动元器件在实训台上进行合理的布局。

（3）正确利用气管连接气动元器件，搭建气动回路。

（4）检查无误后，为气动回路通气源，打开气源二联件并将压力调至 0.5 MPa。

（5）根据冲压机电气控制原理图 2-25，将元器件在实训台上利用导线进行正确地电路连接，搭建电气控制回路。

（6）按下开关按钮使电磁线圈 YA1 得电，观察电磁阀与单气控式换向阀主体换向，气缸正常伸出工作。

（7）控制气缸伸出的同时调节单向节流阀快速伸出。

（8）松开开关按钮换向阀主体复位，观察气缸是否快速缩回。

（9）填写任务记录表2-11，做好任务记录。

表 2-11 任务记录表

任务事项		完成情况	备注
气动回路搭建	气动元器件布局合理		
	气动回路连接正确		
	气管接头平整		
电气回路搭建	电源接线正确		
	中间继电器接线正确		
	开关按钮接线正确		
回路控制	输出压力达到要求		
	单向节流阀接口正确		
	换向阀操纵正确		
任务实施问题记录			

任务评价

任务评价表如表2-12所示。

表 2-12 任务评价表

项目	要求	分数	得分	评价反馈与建议
过程性实施情况	工具使用规范	5		
	元器件选择安装正确	5		
	气动回路连接正确	10		
	电气回路连接正确	10		
	回路搭建调试	20		
结果完成情况	换向阀工作完成	10		
	压力输出正确	5		
	单向节流阀调速正确	5		
	电气控制正确	10		

续表

项目	要求	分数	得分	评价反馈与建议
素质培养	自主解决问题能力	5		
	团结协作能力	5		
	工作态度	5		
文明规范	行为、着装文明	5		
总分				
总结反思				

任务作业

分析如图 2-26 所示的气动系统回路，回答问题。

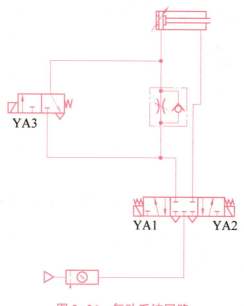

图 2-26　气动系统回路

（1）填写换向阀磁铁状态于表 2-13 中，分析系统工作流程（得电填"+"，失电填"-"）。

表 2-13　换向阀磁铁状态

工作流程	YA1	YA2	YA3
快速伸出			
慢速伸出			
快速缩回			

（2）设计气动回路电气控制原理图。

知识拓展

理想气体及状态方程

理想气体是指没有黏性的气体。宏观上，理想气体是一种无限稀薄的气体，它遵从理想气体状态方程和焦耳内能定律。微观上，理想气体的分子是质点，有质量且无体积，每个分子在气体中的运动是独立的，与其他分子无相互作用。

1. 气体压强

气体压强是理想气体分子与器壁发生碰撞过程中，气体分子在单位时间里施加于器壁单位面积冲量的统计平均值的宏观表现。

2. 气体三个实验定律

（1）玻意耳-马略特定律：在等温过程中，一定质量的气体的压强跟其体积成反比。即在温度不变时任一状态下压强与体积的乘积是一常数。

即 $$p_1 \cdot V_1 = p_2 \cdot V_2 = C（常量） \tag{2-5}$$

（2）查理定律：一定质量的气体，当其体积一定时，它的压强与热力学温度成正比。

即 $$\frac{p_1}{T_1} = \frac{p_2}{T_2} = C（常量） \tag{2-6}$$

式中，T 为国际热力学温度，常用单位：开尔文，符号：K。热力学温度与摄氏温度的关系为：$T = t + 273$。t 为摄氏温度，常用单位：摄氏度，符号：℃。

（3）盖·吕萨克定律：一定质量的气体，在压强不变的条件下，气体体积与热力学温度成正比。

即 $$\frac{V_1}{T_1} = \frac{V_2}{T_2} = C（常量） \tag{2-7}$$

3. 理想气体状态方程

理想气体状态方程（又称理想气体定律）是描述理想气体在处于平衡态时，压强、体积、物质的量、温度间关系的状态方程。它建立在玻意耳-马略特定律、查理定律、盖·吕萨克定律等经验定律上。

其方程为 $$\frac{p \cdot V}{T} = mR \tag{2-8}$$

式中 p 是指理想气体的压强，V 为理想气体的体积，m 表示气体的质量，T 表示理想气体的热力学温度，R 为理想气体常数。

◇ 项目习题

一、选择题

(1) 利用压缩空气通过膜片推动活塞杆做往复直线运动的气缸称为（　　）。

A. 薄膜式气缸　　　B. 气-液阻尼缸　　　C. 冲击气缸　　　D. 柱塞式气缸

(2) 利用油液的不可压缩性和控制流量来获得活塞平稳运动与调节活塞运动速度的气缸是（　　）。

A. 薄膜式气缸　　　B. 气-液阻尼缸　　　C. 冲击气缸　　　D. 回转式气缸

(3) （　　）是体积小、结构简单但能产生相当大的冲击力的一种特殊气缸。

A. 无杆气缸　　　B. 气-液阻尼缸　　　C. 冲击气缸　　　D. 薄膜式气缸

(4) （　　）是将压缩空气的压力能转换成回转机械能的元件。

A. 气缸　　　B. 气泵　　　C. 空气压缩机　　　D. 气动马达

(5) 能够调节输出空气流量并能进行正反双向工作的气动马达称为（　　）气动马达。

A. 单向定量　　　B. 单向变量　　　C. 双向定量　　　D. 双向变量

(6) 单作用换向回路，活塞杆在（　　）作用下缩回。

A. 弹簧　　　B. 自重　　　C. 压缩空气　　　D. 人力

(7) 图形符号 代表（　　）元件。

A. 溢流阀　　　B. 顺序阀　　　C. 减压阀　　　D. 节流阀

(8) 下列属于单作用气缸的是（　　）。（多选）

A. 气-液阻尼缸　　　B. 柱塞式气缸　　　C. 薄膜式气缸　　　D. 双活塞杆气缸

(9) 下列属于组合气缸的是（　　）。（多选）

A. 气-液增压缸　　　B. 气-液阻尼缸　　　C. 增压缸　　　D. 多位气缸

(10) 下列属于气动马达工作特点的是（　　）。（多选）

A. 叶片马达适用于风动工具等中、低功率机械

B. 活塞式气动马达适用于绞车等低速大功率设备

C. 气动马达可实现无级调速

D. 具有较高起动转矩

二、判断题

(1) 单作用换向回路中活塞杆在弹簧作用下缩回。（　　）

(2) 气动马达不具有过载保护功能。（　　）

(3) 串联气缸在一根活塞杆上串联多个活塞，可获得和各活塞有效面积总和成正比的输出力。（　　）

(4) 单作用换向回路与双作用换向回路区别在于气缸不同。（   ）

(5) 可调缓冲气缸设有缓冲装置以使活塞临近行程终点时减速，防止冲击，缓冲效果不可调整。（   ）

三、填空题

(1) 理想气体是指没有_____的气体。

(2) 二次压力控制回路：主要用于_____控制，指每台气动设备的气源进口处的压力调节回路。

(3) 理想气体状态方程是描述理想气体在处于平衡态时，_____、体积、质量、_____间关系的状态方程。

(4) 为了安全起见，当储气罐或气动回路中的压力超过允许压力值时，需要用_____向外放气，实现自动排气，这种压力控制阀叫安全阀（溢流阀）。

(5) 薄膜式气缸结构类似一种圆筒形金属机件，是一种利用压缩空气通过_____推动活塞杆做往复直线运动，将空气压力能转换为机械能的气缸。

四、简答题

(1) 简述玻意耳-马略特定律、查理定律、盖·吕萨克定律三实验定律的内容及物理意义。

(2) 简述气-液阻尼缸的结构组成与工作特点。

(3) 画出单向顺序阀的图形符号，简述其工作用途。

项目三

速度控制气动回路组装与调试

项目描述

速度控制回路就是通过调节压缩空气的流量，来控制气动执行元件的运动速度，使之保持在一定范围内的回路。本项目集合了企业设备生产案例中的多种典型速度控制气动回路，介绍了它们在速度控制方面的工作原理与特点，并对典型速度控制回路进行模拟组建调试。

本项目通过对典型速度控制系统的工作原理分析、气动回路组装与调试，使学生对气动单向节流阀的工作原理、图形符号及其组成的基本速度应用回路有一个清晰认识，并能够对典型的多段速控制气动回路、快-慢速切换回路等气动系统进行组装、调试与控制，在培养学生理论分析、设计能力的同时，在实践中培养安全生产意识、协同意识，为培养卓越的工程师和大国工匠筑基。

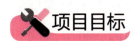

项目目标

知识目标

（1）了解单向节流阀的结构、工作原理与图形符号。
（2）学会基本调速回路的不同结构形式与工作特点差异。
（3）掌握不同的多段速控制回路工作原理。
（4）学会基于低压电器的电气控制回路理论知识。
（5）学会多段速控制气动回路、快-慢速切换回路等典型气动速度控制回路的系统原理和基本系统回路。

技能目标

（1）能够利用单向节流阀搭建调试多种基本气动调速回路。
（2）会分析典型气动系统速度控制回路的工作原理与工作流程。
（3）能够根据不同需求设计多段速气动控制回路。

(4) 能够根据速度控制气动回路图正确搭建调试气动系统回路。

(5) 能够设计简单的气动电气控制回路。

素养目标

(1) 培养学生协同、交流合作的能力。

(2) 培养学生认真学习，勤于做事的学习态度。

(3) 培养学生分析问题、解决问题的能力。

(4) 培养学生安全生产意识，遵守文明操作规范。

任务一　气动基本调速回路组装与调试

任务布置

气动基本调速回路是速度控制的基础回路。熟悉气动基本调速回路系统速度控制特点，利用节流阀搭建供气节流调速和排气节流调速回路，控制气缸运行速度。

任务分析

管道中流动的流体经过通道截面突然缩小的阀门、狭缝及孔口等部分后发生压力降低的现象称为节流。节流阀是通过改变节流截面或节流长度以控制流体流量的阀门。将节流阀和单向阀并联则可组合成单向节流阀。

节流阀和单向节流阀是简易的流量控制阀，在定量泵液压系统中，节流阀和溢流阀配合，可组成三种节流调速系统，即进气路节流调速系统、排气路节流调速系统和旁气路节流调速系统。节流阀没有流量负反馈功能，不能补偿由负载变化所造成的速度不稳定，一般仅用于负载变化不大或对速度稳定性要求不高的场合。

一、单向节流阀结构与工作原理

如图 3-1 所示，当压缩空气进入 P_1 口时，调节单向节流阀调节螺柄推动阀芯下移使 P_1 口与 P_2 口导通，阀芯下移越大，P_1 口与 P_2 口之间的通流面积越大，如果 P_1 口与 P_2 口的压差不变，则 P_1 口与 P_2 口的流量越大。当压缩空气进入 P_2 口时，高压气体推动阀芯下移，使 P_1 口与 P_2 口导通，气体快速从 P_1 口流出，流量不能调节。

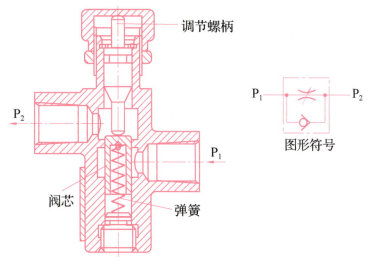

图 3-1　单向节流阀结构原理图

二、基本节流调速回路

气动基本节流调速回路主要有进气节流调速回路、排气节流调速回路。由于气容的存在，进气节流调速将会使执行件动作滞后、前冲、爬行等，故调速时一般采用排气节流控制形式而不是进气节流。在需要稳定地控制执行件速度的场合，常采用气液联动形式。

如图 3-2（a）所示为供气节流调速回路，多用于垂直安装的气缸供气回路中。按下手动阀使单气控式换向阀换向，压缩空气通过单气控式换向阀流经单向节流阀调速进入无杆腔，有杆腔的气体直接经过单气控式换向阀排入大气，双作用缸伸出。

如图 3-2（b）所示为排气节流调速回路，多用于垂直安装的气缸供气回路中。按下手动阀使单气控式换向阀换向，压缩空气直接进入无杆腔，有杆腔的气体通过单向节流阀调速经过单气控式换向阀排入大气，双作用缸伸出。在此回路中有杆腔排出的气体必须经过节流阀

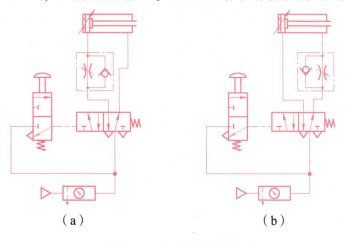

　　　　（a）　　　　　　　　　　　（b）

图 3-2　气动回路系统

（a）供气节流调速回路；（b）排气节流调速回路

单向节流阀基本调速回路

致使有杆腔内气体有了一定的压力。此时活塞在无杆腔与有杆腔的压力差作用下前进，减少了"爬行"的可能性。

排气节流调速回路调节节流阀的开度，就可控制不同的排气速度，从而也就控制了活塞的运动速度，排气节流回路有以下特点：

（1）气缸速度随负载变化较小，运动较平稳。

（2）能承受与活塞运动方向相同的负载。

任务准备

搭建基本节流调速系统回路所需元器件，如表 3-1 所示。

表 3-1 搭建基本节流调速系统回路所需元器件

元器件名称	数量	元器件名称	数量
气源二联件	1	手动二位三通换向阀	1
单向节流阀	1	单气控二位五通换向阀	1
可调双作用气缸	1	单向节流阀	1

实施步骤

基本节流调速回路

（1）根据气动回路系统图 3-2，正确选择气动元器件。

（2）根据气动回路系统图 3-2（a），对气动元器件在实训台上进行合理布局。

（3）利用气管正确连接气动元器件，搭建供气节流调速气动回路。

（4）检查无误后，为气动回路通气源打开气源二联件并将压力调至 0.4 MPa。

（5）按下手动换向阀并调节单向节流阀控制气缸慢速伸出，观察气缸冲击状态。

（6）缓慢调节单向节流阀，使气缸以极低速伸出，观察是否有爬行情况。

（7）填写任务记录表 3-2，做好任务记录。

（8）根据气动回路系统图 3-2（b），调整单向节流阀的布局。

（9）利用气管正确连接气动元器件，搭建排气节流调速气动回路。

（10）按下手动换向阀并调节单向节流阀控制气缸慢速伸出，观察气缸冲击状态。

（11）缓慢调节单向节流阀，使气缸以极低速伸出，观察是否有爬行情况。

（12）填写任务记录表 3-2，做好任务记录。

表 3-2　任务记录表

任务事项		完成情况	备注
气动回路搭建	气动元器件布局合理		
	气管接头平整		
供气调速回路	单向节流阀连接正确		
	气缸冲击状况		
	爬行情况		
排气调速回路	单向节流阀连接正确		
	气缸冲击状况		
	爬行情况		
任务实施问题记录			

任务评价

任务评价表如表 3-3 所示。

表 3-3　任务评价表

项目	要求	分数	得分	评价反馈与建议
过程性实施情况	工具使用规范	5		
	元器件选择安装正确	5		
	气动回路连接正确	10		
	回路搭建调试	20		
结果完成情况	换向阀工作完成	10		
	压力输出正确	5		
	单向节流阀调速正确	5		
	爬行情况	10		
	气缸冲击	10		
素质培养	自主解决问题能力	5		
	团结协作能力	5		
	工作态度	5		
文明规范	行为、着装文明	5		
最终得分				
总结反思				

任务作业

(1) 画出单向节流阀控制的供气调速回路与排气调速回路,说出它们的差异。

(2) 查询资料,画出旁路节流调速回路,写出该调速回路的特点。

(3) 分析如图 3-3 所示的双路调速系统,说出单向节流阀 1 与阀 2 的作用。

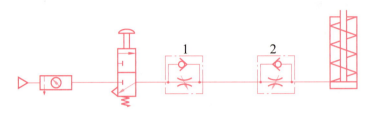

图 3-3 双路调速系统

知识拓展

气液联动速度控制回路

气液联动速度控制回路是以气压缸为动力,通过液压缸可调的液体阻力使外负载获得平稳的运动速度,速度控制范围为 0.5 ~ 100 mm/s。气液联动速度控制回路具有气压传动供气方便,液压传动速度平稳的特点。

常用的气液联动速度控制回路有采用气液阻尼缸的速度控制回路和气液转换器的速度控制回路两种。

1. 气液阻尼缸速度控制回路

如图 3-4 所示,该速度控制回路执行元件采用气液阻尼缸。气缸带负载工作,液压缸部分控制系统运行速度平稳。单向节流阀调节气液阻尼缸活塞杆缩回方向的运动速度,高位液压油箱用以补充回路漏油。

2. 气液转换器

气液转换器是将气压信号转换为液压信号的一种转换器,其使用压缩空气作为动力源,输出液压油,驱动动力缸(液压缸)平稳动作。

如图 3-5 所示,当压缩空气由 A 口进入后,经过管道末端的缓冲装置使压缩空气作用在

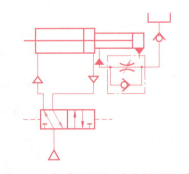

图 3-4 气液阻尼缸速度控制回路

液压油面上，液压油以压缩空气相同的压力由转换器主体下部的 B 口输出到液压缸，使液压缸动作。为了避免压缩空气直接高速吹到液压油面上，产生液面波动和油沫飞溅，以至油气混合造成输出压力不稳定的现象，气液转换器都在压缩空气输入管末端装设缓冲装置。

3. 气液转换器速度控制回路

如图 3-6 所示，此回路为采用气液转换器的双向阻尼速度控制回路。两个单向节流阀对液压部分的回油路进行速度控制。如果回路中的工作缸密封良好，此回路也可只使用一个气液转换器。

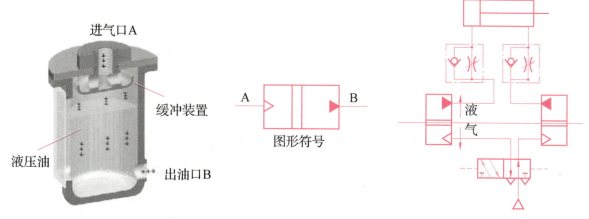

图 3-5　气液转换器结构原理　　　　图 3-6　气液转换器速度控制回路

任务二　气动三段速控制回路搭建与调试

任务布置

企业典型生产设备的速度控制往往采用多段速控制。某零件加工工厂对一机床工作台轴承进行加工制造，工作台要求可以进行三种速度控制切换，并且三种速度均可自行调节，请同学们针对上述要求利用节流阀与电磁换向阀的组合搭建调试常见的三段速气动控制回路与电气控制回路，实现气缸三个速度的输出。

任务分析

气动系统中为了实现多段速速度控制，一般采用单向节流阀的串、并联接法组合来实现。

1. 单向节流阀并联控制调速

如图 3-7（a）所示，单向节流阀 A 与 B 利用二位三通电磁换向阀 C 并联连接在气动系统回路上，单向节流阀 A 与单向节流阀 B 两者之间的阀口开合度无关联关系。电磁阀 C 的电磁铁得电时，压缩空气经过点 2 与点 1 分支，单向节流阀 A 控制系统回路速度。电磁阀 C 的电磁铁失电时，压缩空气经过点 3 与点 1 分支，单向节流阀 B 控制系统回路速度。

2. 单向节流阀串联控制调速

如图 3-7（b）所示，单向节流阀 A 与 B 串联连接在系统回路上，单向节流阀 B 与二位三通电磁换向阀 C 采用并联接法。单向节流阀 A 阀口的开合度一定要小于单向节流阀 A 阀口的开合度。二位三通电磁换向阀 C 电磁铁失电时，压缩空气经过点 1 与点 2 分支将单向节流阀 B 短接，此时单向节流阀 A 控制回路速度。电磁阀电磁铁得电时，压缩空气经过点 1 与点 3 分支，单向节流阀 A 与阀 B 串联，单向节流阀 B 控制回路速度。

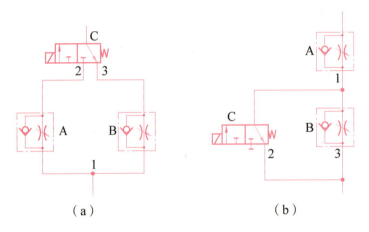

图 3-7　串并联调速回路

3. 气动三段速速度控制系统回路设计

如图 3-8 所示为气动三段速速度控制系统回路，本回路通过单向节流阀 A、B、C 与电磁换向阀 2、3 组合的形式，采用并联排气路速度控制的方式设计。手动式换向阀 1 处于左位时，气缸伸出。当电磁换向阀 2 的电磁线圈 YA2 得电时，单向节流阀 A 排气路控制调速。当电磁换向阀 2 的电磁线圈 YA2 失电时，如果电磁换向阀 3 的 YA1 失电，单向节流阀 C 排气路控制调速。当电磁换向阀 2 的电磁线圈 YA2 失电时，如果电磁换向阀 3 的 YA1 得电，单向节流阀 B 排气路控制调速。手动式换向阀 1 处于右位时，压缩空气经过单向节流阀的单向阀通路，气缸快速缩回。手动式换向阀 1 处于中位时，气缸处于锁紧状态。

4. 三段速气动回路电气控制设计

如图 3-9 所示，按钮 SB1 为停止按钮，按钮 SB2 控制中间继电器 KA1 线圈得电，辅助常开触点 KA1 闭合导致电磁线圈 YA1 得电，电磁换向阀 3 换向。按钮 SB3 控制中间继电器 KA2 线圈得电，辅助常开触点 KA2 闭合导致电磁线圈 YA2 得电，电磁换向阀 2 换向。

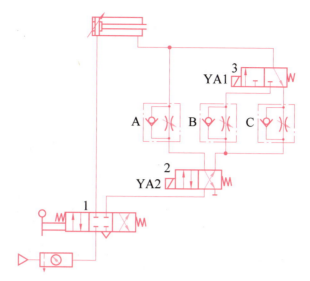

三段速气动回路

图 3-8　气动三段速速度控制系统回路

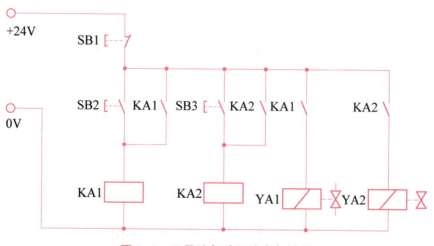

图 3-9　三段速气动回路电气控制

5. 三段速气动回路控制状态分析（见表 3-4）

表 3-4　三段速气动回路控制状态分析

气缸状态		手动式换向阀1	YA1	YA2
伸出	速度1（阀A）	左位	+	−
	速度2（阀B）	左位	−	+
	速度3（阀C）	左位	−	−
缩回	快速	右位		
锁紧	停止	中位		

61

任务准备

1. 搭建冲压机气动系统回路所需元器件，如表 3-5 所示。

表 3-5　搭建冲压机气动系统回路所需元器件

元器件名称	数量	元器件名称	数量
气源二联件	1	电磁式二位三通换向阀	1
单向节流阀	3	电磁式二位四通换向阀	1
可调双作用气缸	1	手动三位四通阀（O 型）	1

2. 搭建冲压机电气控制回路所需元器件，如表 3-6 所示。

表 3-6　搭建冲压机电气控制回路所需元器件

元器件名称	数量	元器件名称	数量
复位开关按钮	3	中间继电器	2
24V 电源	1	导线	若干

实施步骤

气动三段速系统回路

（1）根据图 3-8 与图 3-9 所示，正确选择气动与电气元器件。

（2）根据气动回路系统图 3-8 所示，对气动元器件在实训台上进行合理的布局。

（3）利用气管正确连接气动元器件，搭建三段速控制气动回路。

（4）检查无误后，为气动回路通气源，打开气源二联件并将压力调至 0.5 MPa。

（5）根据电气控制图 3-9 所示，正确连接电气控制元器件。

（6）按下 SB2 按钮，控制 YA1 得电，拉动手动阀至左位，调节单向节流阀 A，气缸以速度 1 伸出。

（7）按下 SB1 松开后，按下 SB3 按钮，控制 YA2 得电，拉动手动阀至左位，调节单向节流阀 B，气缸以速度 2 伸出。

（8）按下 SB1 松开后，拉动手动阀至左位，调节单向节流阀 C，气缸以速度 3 伸出。

（9）拉动手动阀至右位，观察气缸是否快速缩回。

（10）气缸运行至中间位置，松开手动换向阀检测气缸是否处于锁紧状态。

（11）填写任务记录表 3-7，做好任务记录。

表 3-7　任务记录表

任务事项		完成情况	备注
气动回路搭建	气动元器件布局合理		
	气动元器件连接正确		
电气控制回路	电气元器件选择正确		
	电气接线正确		
任务结果	三段速实现		
	快速缩回		
	锁紧状态		
任务实施问题记录			

任务评价

任务评价表如表 3-8 所示。

表 3-8　任务评价表

项目	要求	分数	得分	评价反馈与建议
过程性实施情况	工具使用规范	5		
	元器件安装正确	5		
	气动回路搭建调试	20		
	电气回路搭建调试	20		
结果完成情况	伸出速度 1	5		
	伸出速度 2	5		
	伸出速度 3	5		
	快速缩回	5		
	气缸锁紧	5		
	压力输出	5		
素质培养	自主解决问题能力	5		
	团结协作能力	5		
	工作态度	5		
文明规范	行为、着装文明	5		
总分				
总结反思				

任务作业

设计三段速控制气动回路，要求利用三个单向节流阀与换向阀组合的形式，采用串联排气路调速控制实现。

知识拓展

几种速度控制回路介绍

常见的速度控制回路种类很多，如双作用气缸的速度控制回路、速度换接回路、速度缓冲回路以及快速往返回路等。

一、双作用气缸的速度控制回路

如图 3-10（a）所示，采用单向节流阀实现排气节流的速度控制，一般采用带有旋转接头的单向节流阀直接拧在气缸的气口上，安装使用方便。

如图 3-10（b）所示，在二位五通阀的排气口上安装了排气消声节流阀，调节节流阀开度实现气缸背压的排气控制，完成气缸往复速度的调节。

如图 3-10（c）所示，在二位四通阀的排气口安装排气消声节流阀的速度控制，此时气缸伸出和退回的速度是相同的，不能分开调节。使用如图 3-10（b）和图 3-10（c）所示的速度控制方法时应注意，电磁换向阀的排气口必须有安装排气消声节流阀的螺纹口，否则不能选用。

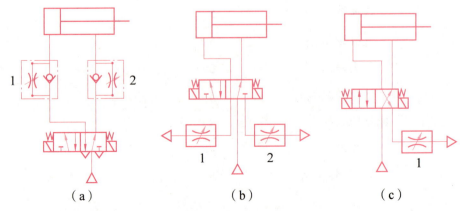

图 3-10 双作用气缸的速度控制回路

二、速度缓冲回路

如图3-11所示，此缓冲回路是采用单向节流阀3和行程阀2配合的缓冲回路。当活塞前进到预定位置压下行程阀时，气缸排气腔的气流只能从单向节流阀3通过，使活塞速度减慢，达到缓冲目的。改变行程阀的安装位置，可改变开始缓冲的时刻，此种回路常用于惯性力较大的气缸。

如图3-12所示，此缓冲回路是利用顺序阀2实现的。当气缸退回到行程末端时，无杆腔的压力已经下降到不能打开顺序阀2，腔室内的剩余空气只能经节流阀1排出，由此气缸运动得以缓冲。这种缓冲回路常用于气缸行程长、速度快的场合。

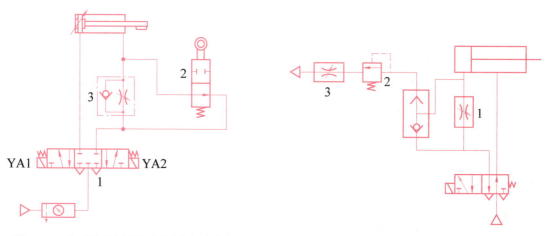

图3-11 行程阀控制的速度缓冲回路　　　　图3-12 采用顺序阀的速度缓冲回路

如图3-13所示为采用并联节流阀的速度缓冲回路。两个节流阀并联且分别调定为不同的节流开度，以控制气缸的高速运动或低速缓冲。当三通电磁阀通电时，气缸高速运动，当气缸接近行程终点时触碰到行程开关，行程开关发出电信号使三通电磁阀断电，气缸由高速运动状态转变为低速缓冲状态。

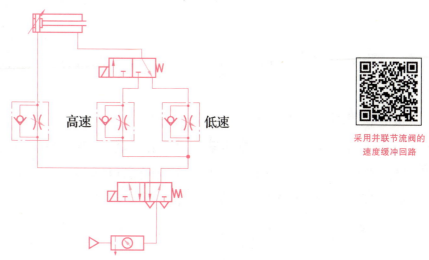

采用并联节流阀的
速度缓冲回路

图3-13 采用并联节流阀的速度缓冲回路

三、中间变速回路

如图 3-14 所示为中间变速回路。此回路采用行程开关（安装在行程的中间位置）对两个二位二通电磁换向阀进行控制。气缸活塞的往复运动都是出口节流调速，当活塞杆在行程中碰到行程开关而使二位二通阀通电，则改变了排气的途径，从而使活塞改变了运动速度。两个二位二通阀，分别控制往复行程中的速度变换。当电磁铁通电，快速排气；当电磁铁断电，慢速进给。

如图 3-15 所示为气液缸并联且有中间位置停止的变速回路。气压缸与液压缸通过连杆机构连接在一起。当电磁线圈 YA1 得电时，阀芯处于左位，气源压缩空气进入气压缸无杆腔推动气缸伸出，同时气源压缩空气通过或门梭阀进入单气控式换向阀 3 使其换向，液压缸油液通过有杆腔排出经过单向节流阀调速进入无杆腔内，液压缸在系统中起到了稳定调速的作用。气缸伸出过程中，YA1 失电电磁阀 1 阀芯处于中间位置，此时气源被截断，气压缸两侧端口无气压，或门梭阀无信号导致单气控式换向阀 3 复位，液压缸两侧端口锁紧，系统锁紧停止。

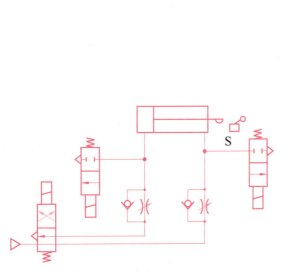

图 3-14 中间变速回路

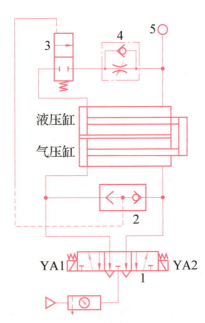

图 3-15 气液缸并联且有中间位置停止的变速回路

当电磁线圈 YA2 得电时，阀芯处于右位，气源压缩空气进入气压缸有杆腔推动气缸缩回，同时气源压缩空气通过或门梭阀进入单气控式换向阀 3 使其换向，液压缸油液通过无杆腔排出，经过单向节流阀的单向阀快速进入液压缸有杆腔内。蓄能器 5 在整个系统中起到了在液压缸油液两腔流动过程中补油储油的作用。

项目习题

一、填空题

（1）气液转换器是将_____转换为_____的一种转换器，其使用_____作为动力源，输出液压油，驱动动力缸（液压缸）平稳动作。

（2）为了避免压缩空气直接高速吹到液压油面上，产生液面波动和油沫飞溅，以至油气混合造成_____不稳定的现象，气液转换器都在压缩空气输入管末端装设_____装置。

（3）气动基本节流调速回路主要有进气节流调速回路、排气节流调速回路。由于气容的存在，进气节流调速将会使执行件动作滞后、前冲、_____等，故调速时一般采用_____节流控制形式而不是进气节流。在需要稳定地控制执行件速度的场合，常采用_____形式。

（4）速度控制回路就是通过调节压缩空气的_____，来控制气动执行元件的_____，使之保持在一定范围内的回路。

（5）气液联动是以_____缸为动力，通过_____缸可调的液体阻力使外负载获得平稳的运动速度。气液联动速度控制回路具有_____传动供气方便，_____传动速度平稳的特点。

二、选择题

（1）下列不属于速度控制回路的是（　　）。

　A. 缓冲回路　　　　B. 速度切换回路　　　C. 快速往复动作回路　D. 平衡回路

（2）如图3-16所示，对单作用缸伸出起到调速作用的阀是（　　）。

　A. 换向阀　　　　　B. 单向节流阀1　　　　C. 单向节流阀2　　　　D. 单作用缸

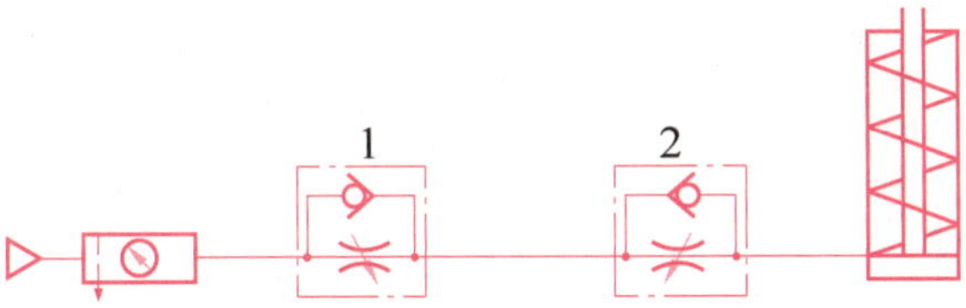

图3-16　调速系统

（3）如图3-7（a）所示利用单向节流阀并联调速的气动回路，对于两个单向节流阀A、B阀芯开度关系，要求两者阀芯开度（　　）。

　A. 相等　　　　　　B. 阀A大于阀B　　　　C. 阀A小于阀B　　　　D. 无关联

（4）利用单向节流阀串联调速的气动回路，对于两个单向节流阀阀芯开度关系要求：与换向阀并联接法的单向节流阀阀口的开合度（　　）另一串联的单向节流阀阀口的开合度。

　A. 等于　　　　　　B. 大于　　　　　　　　C. 小于　　　　　　　　D. 无关联

（5）（　　）节流调速回路能够有效避免爬行、跑空现象。

　A. 供气路　　　　　B. 排气路　　　　　　　C. 旁路　　　　　　　　D. 缓冲

三、简答题

（1）简述气动供气基本节流回路、排气基本节流回路的结构组成与特点。

（2）简述气液阻尼缸与气液转换器组成调速回路的异同。

四、设计分析题

（1）设计通过手动阀控制的气动三段速控制回路。

（2）分析图 3-17，回答问题。

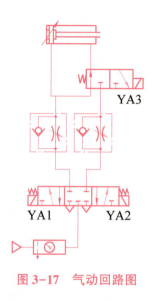

图 3-17　气动回路图

1）分析气动回路的基本调速回路组成。

2）分析气动回路中换向阀电磁铁得、失电状态导致的气缸动作。

3）设计该气动回路的电气控制图。

项目四

折弯机气动系统组装与调试

🔧 项目描述

折弯机是钣金行业工件折弯成形的重要设备，其作用是将钢板根据工艺需要压制成各种形状的零件。本项目采用加工企业典型设备案例，介绍了一款简易的折弯机设备，如图4-1所示，并对该折弯机设备内部气动系统回路进行模拟组建调试。

党的二十大指出，加快建设国家战略人才力量，努力培养造就更多大师、战略科学家、一流科技领军人才和创新团队、青年科技人才、卓越工程师、大国工匠、高技能人才。

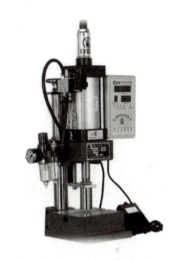

图4-1 气动折弯机实物

本项目结合当前企业需求，一方面通过对折弯机系统的工作原理分析、气动回路组装与调试，使学生对气动快速排气阀、双压阀的类型、工作原理、图形符号和基本应用回路有一个清晰认识，并能够对此种折弯机设备整体气动回路进行组装、调试与控制，培养学生实操动手的能力。另一方面，在实践中培养学生文明操作规范与安全生产意识，为培养卓越的工程师和大国工匠筑基。

🔧 项目目标

知识目标

(1) 了解气动折弯机的结构与工作流程。
(2) 掌握气动快速排气阀与双压阀的工作原理与图形符号。
(3) 学会折弯机设备气动系统回路画法。

技能目标

(1) 能够设计快速排气阀、双压阀构成的气动基本回路。

(2) 会分析折弯机设备气动系统回路工作原理。

(3) 能够搭建调试折弯机设备气动系统回路。

素养目标

(1) 培养学生团结互助，交流合作的能力。

(2) 培养学生认真学习，勤于做事的学习态度。

(3) 培养学生对待问题和任务的责任心。

(4) 培养学生安全生产意识，遵守文明操作规范。

任务一　折弯机的快速排气回路组装与调试

任务布置

折弯机的气缸在折弯工作完毕后需要快速退回以便提高企业生产的工作效率，此折弯机气缸快速退回回路的实现采用气动快速排气阀完成。识读如图4-2所示的快速排气回路系统图，组装并调试气动快速排气回路。

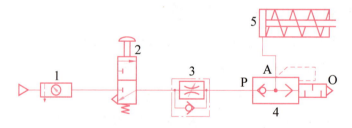

图4-2　快速排气回路系统图

快速排气回路系统

任务分析

快速排气阀是为了使气缸出气口快速排气从而提高气缸的运动速度而设置的单向型方向控制元件，也经常被称为快排阀，属于方向控制阀中的派生阀。

一、快速排气阀工作原理

如图4-3所示，当有压气体经过P口时，气流推动阀芯右移导致P口与A口导通，压缩空气从P口流进A口流出给执行元件供气，当P口无有压气体输入，阀芯在弹簧力的作用下左移堵住P口与A口的通路，执行元件中的气体可以通过A口流经O口快速排到大气中。快速排气阀常安装在换向阀和气缸之间的气路中，使气缸的排气不用通过换向阀而快速排出，从而加快了气缸往复运动速度。

快速排气阀图形符号如图 4-4 所示。

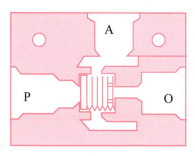

图 4-3　快速排气阀结构原理图

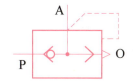

图 4-4　快速排气阀图形符号

二、快速排气回路分析

如图 4-2 所示，压缩空气经过气源二联件 1 流向了手动换向阀 2，当按下手动换向阀 2 的操纵按钮，换向阀主体换向时，有压气体流经单向节流阀 3 调速并通过快排阀 4 的 P 口顶开阀芯从 A 口流出进入单作用气缸开始工作。当气缸工作完毕，松开手动换向阀 2 的操纵按钮，换向阀主体复位时，快排阀 4 的 P 口没有有压气体信号，阀芯复位堵住 P 口，此时 A 口与 O 口相通。单作用气缸腔内的空气在弹簧作用力下快速从 A 口流经 O 口排入大气。

任务准备

搭建快速排气回路所需元器件，如表 4-1 所示。

表 4-1　搭建快速排气回路所需元器件

元器件名称	数量	元器件名称	数量
气源二联件	1	手动式二位三通换向阀	1
单向节流阀	1	快速排气阀	1
单作用气缸	1	气管	若干

实施步骤

(1) 选择正确的气动元器件。

(2) 根据回路系统图对气动元器件在实训台上进行合理的布局。

(3) 根据回路系统图搭建气动回路，合规且正确的利用气管连接气动元器件。

(4) 检查无误后，为气动回路通气源打开气源二联件。

快速排气气压传动工作回路

（5）调节减压阀的旋转手柄使输出压力保持在 0.3 MPa。

（6）按下换向阀按钮同时调节单向节流阀控制气缸慢速伸出。

（7）松开换向阀按钮主体复位，观察气缸是否快速缩回。

（8）填写任务记录表 4-2，做好任务记录。

表 4-2　任务记录表

任务事项		完成情况	备注
回路搭建	气动元器件布局合理		
	气动回路连接正确		
	气管接头平整		
回路控制	输出压力达到要求		
	单向阀接口正确		
	伸出速度慢速		
	换向阀操纵正确		
任务实施问题记录			

任务评价

任务评价表如表 4-3 所示。

表 4-3　任务评价表

项目	要求	分数	得分	评价反馈与建议
过程性实施情况	工具使用规范	5		
	护具使用规范	5		
	线路连接规范正确	10		
	元器件选择安装正确	10		
	回路搭建调试	20		
结果完成情况	换向工作完成	10		
	压力输出正确	10		
	快速退回完成	10		
素质培养	自主解决问题能力	5		
	团结协作能力	5		
	工作态度	5		

续表

项目	要求	分数	得分	评价反馈与建议
文明规范	行为、着装文明	5		
最终得分				
总结反思				

任务作业

1. 基础作业

（1）简述快速排气阀的工作原理，画出其图形符号。

（2）设计双作用气缸气动回路，要求气缸活塞杆伸出、缩回均为快速排气回路。

2. 拓展作业

分析如图 4-5 所示的气动回路，回答问题。

（1）写出气动元器件 1、2、3 的名称。

（2）此气动回路调速采用何种方式？

（3）分析电磁线圈 YA1 得、失电状态对应的气缸动作。

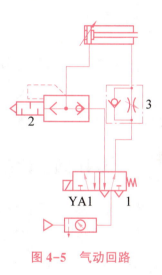

图 4-5 气动回路

任务二 折弯机气动回路组装与调试

任务布置

本任务为一款简单折弯机气动回路组装与调试。如图 4-6 所示，当工件到达位置 SQ1 时，按下起动按钮气缸伸出，将工件按设计要求折弯，气缸伸出碰到 SQ2 时快速退回，完成一个工作循环。如果工件未到达指定位置 SQ1 时，按下按钮气缸也不能动作。另外为了适应加工不同材料或直径的工件需求，系统工作压力与工作速度应可以调节。

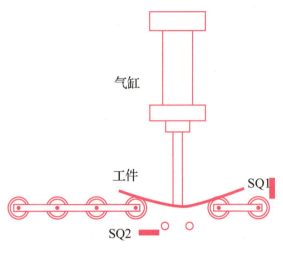

折弯机工作示意图

图 4-6　折弯机工作示意图

任务分析

气动梭阀属于直行程阀门，是阀体与执行器合二为一的阀门，具有体积小、安装方便的特点。梭阀由于内部活塞结构的特殊性，使介质压力对活塞几乎没有更多的阻力干扰，从而能够实现快速开关，压损小。所有的梭阀工作原理大致相同。

一、双压阀工作原理

双压阀又称与门型梭阀，该阀工作原理如图 4-7 所示，只有当两个输入口 P1、P2 同时进气时，A 口才能输出。P1 或 P2 单独进气时，A 口无输出。当 P1、P2 气体压力不等时，则气压低的通过 A 口输出。

双压阀图形符号如图 4-8 所示。

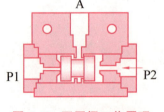

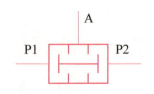

图 4-7　双压阀工作原理　　　图 4-8　双压阀图形符号　　双压阀结构原理图

二、或门型梭阀的工作原理

或门型梭阀工作原理如图 4-9 所示，该阀的两个通口 P1 口和 P2 口均与另一通口 A 口相通，即只要 P1 口和 P2 口任一口有有压气体流经均可从 A 口流出，但是 P1 口与 P2 口不相通。或门型梭阀图形符号如图 4-10 所示。

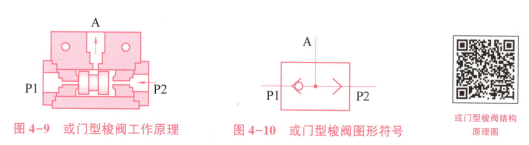

图 4-9　或门型梭阀工作原理　　图 4-10　或门型梭阀图形符号

三、折弯机气动系统回路分析

如图 4-11 所示，在初始位置，压缩空气从气源二联件经主控换向阀 1 的左位进入气缸 8 的右腔，使气缸的活塞收回。由于双压阀 4 的特性，只有加工工件到达位置 SQ1，即行程阀 6 被压下（左位接通）时，按下手动换向阀 5 的按钮，双压阀 4 才有压缩空气输出，使主控换向阀 1 右位接通，经单向节流阀 2 调速进入气缸 8 的左腔，使气缸伸出。同时手动换向阀 5 与行程阀 6 在弹簧力的作用下复位，双压阀 4 没有压缩空气输出。当活塞杆运行到 SQ2 位置时，使行程阀 7 左位接通，压缩空气使主控换向阀 1 左位接通，压缩空气进入气缸 8 的右腔，左腔的空气从快速排气阀 3 排出，使活塞杆快速收回，同时行程阀 7 在弹簧力的作用下复位。

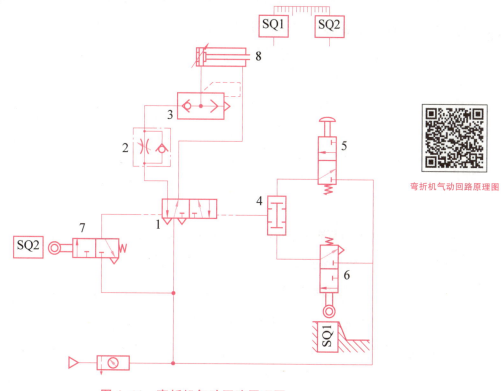

图 4-11　弯折机气动回路原理图

任务准备

搭建快速排气回路所需元器件，如表 4-4 所示。

表 4-4 搭建快速排气回路所需元器件

元器件名称	数量	元器件名称	数量
气源二联件	1	手动式二位三通换向阀	1
单向节流阀	1	快速排气阀	1
双压阀	1	二位三通行程阀	2
双作用气缸	1	气管	若干

实施步骤

折弯机工作回路

(1) 根据图 4-11 选择正确的气动元器件。

(2) 根据图 4-11 对气动元器件在实训台上进行合理的布局。

(3) 根据图 4-11 搭建气动回路，利用气管正确的连接气动元器件。

(4) 检查无误后，为气动回路接通气源打开气源二联件。

(5) 调节减压阀的旋转手柄，使输出压力保持在 0.4 MPa。

(6) 控制手动换向阀 5 按钮与行程阀 6 同时动作，调节节流阀使气缸慢速伸出。

(7) 按下行程阀 7 观察气缸是否快速缩回。

(8) 填写任务记录表 4-5，做好任务记录。

表 4-5 任务记录表

任务事项		完成情况	备注
回路搭建	气动元器件布局合理		
	气动回路连接正确		
回路控制	输出压力达到要求		
	单向节流阀接口正确		
	伸出速度慢速		
	换向阀操纵正确		
任务实施问题记录			

任务评价

任务评价表如表 4-6 所示。

表 4-6 任务评价表

项目	要求	分数	得分	评价反馈与建议
过程性实施情况	工具使用规范	5		
	护具使用规范	5		
	线路连接规范正确	10		
	元器件选择安装正确	10		
	回路搭建调试	20		
结果完成情况	工作流程完成	10		
	压力输出正确	5		
	快速退回完成	10		
	双压阀功能实现	10		
素质培养	自主解决问题能力	5		
	团结协作能力	5		
	工作态度	5		
最终得分				
总结反思				

任务作业

1. 基础作业

（1）简述双压阀与或门型梭阀的工作原理，绘制出图形符号。

（2）简述气动折弯机工作流程。

2. 拓展作业

设计双作用气缸动作回路，要求按下手动换向阀 1 或者手动换向阀 2 气缸均能慢速伸出，碰到行程阀 3 时气缸快速缩回。

> 知识拓展

气动逻辑元件

气动逻辑元件（见图4-12）是一种以压缩空气为工作介质，通过元件内部的可动部件（如膜片等）的动作改变气流流动的方向，从而实现一定逻辑功能的控制元件。

图4-12 气动逻辑元件

一、气动逻辑元件的分类

气动逻辑元件的种类很多，可按不同的方式分类。

(1) 按结构形式可分高压截止式逻辑元件、膜片式逻辑元件、滑阀式逻辑元件和射流元件。

(2) 按工作压力可分为三种：高压元件（工作压力0.2～0.8 MPa）、低压元件（工作压力0.02～0.2 MPa）、微压元件（工作压力0.02 MPa以下）。

(3) 按逻辑功能又可分为"或门"逻辑元件、"与门"逻辑元件、"非门"逻辑元件、"双稳"逻辑元件等。

二、气动逻辑元件的特点

(1) 元件流道孔道较大，抗污染能力较强（射流元件除外）。
(2) 元件无功耗气量低，带负载能力强。
(3) 连接、匹配简单，易集成化，调试容易，抗恶劣工作环境能力强。
(4) 运算速度较慢，在强烈冲击和振动条件下，可能出现误动作。

三、截止式气动逻辑元件的工作原理及结构

1. "与门"逻辑元件

"与门"逻辑元件的动作是依靠气压信号推动阀芯或通过膜片变形推动阀芯动作，改变气流通路来实现"与"逻辑功能。如图4-13所示，S口为信号输出口。当b口直接通有压气体、a口无有压气体时，阀芯上移堵住b口与S口的通路，S口无有压气体信号输出。当a口

直接通有压气体、b口无有压气体时，a口与S口的通路被膜片隔断，S口无有压气体信号输出。当a口与b口同时通有压气体时，a口气体作用在膜片上推动阀芯下移，b口与S口形成通路，S口有有压气体信号输出。

"与门"逻辑元件表达式：S = a·b。

如图4-14所示为"与门"逻辑元件图形符号。

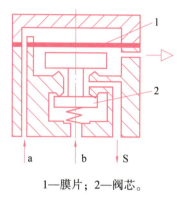

1—膜片；2—阀芯。

图4-13　"与门"逻辑元件结构原理　　　图4-14　"与门"逻辑元件图形符号

如图4-14所示，如果将b口改为气源P口通入气源，当a口气体信号输入，气源气流就从S口输出。此时实现了"是"逻辑功能。

"是门"逻辑元件表达式：S = a。

如图4-15所示为"是门"逻辑元件图形符号。

图4-15　"是门"逻辑元件图形符号

2. "或门"逻辑元件

"或门"逻辑元件的动作是依靠气压信号推动阀芯动作，改变气流通路来实现"或"逻辑功能。如图4-16所示，S口为信号输出口。当b口直接通有压气体、a口无有压气体时，阀芯上移，b口与S口形成通路，S口有有压气体信号输出。当a口直接通有压气体、b口无有压气体时，a口与S口相通，S口有有压气体信号输出。当a口与b口同时通有压气体时，信号强者将关闭信号弱者的阀口，S口有有压气体信号输出。

"或门"逻辑元件表达式：S = a+b。

如图4-17所示为"或门"逻辑元件图形符号。

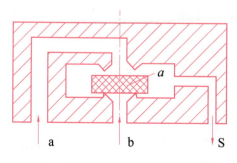

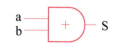

图4-16　"或门"逻辑元件结构原理图　　　图4-17　"或门"逻辑元件图形符号

3. "或非门"逻辑元件

如图 4-18 所示，该元件有三个输入口 a、b、c，一个输出口 S，一个气源口 P。三个输入口中任一个有有压气体信号，S 口就没有有压气体信号输出。

"或非门"逻辑元件表达式：S＝$\overline{a+b+c}$。

如图 4-19 所示为"或非门"逻辑元件图形符号。

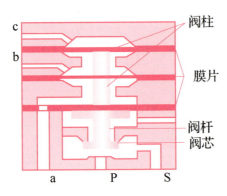

图 4-18 "或非门"逻辑元件图形符号　　　图 4-19 "或非门"逻辑元件图形符号

◇项目习题

一、填空题

（1）气动逻辑元件按结构形式可分＿＿＿＿逻辑元件、＿＿＿＿逻辑元件、＿＿＿＿逻辑元件和＿＿＿＿元件。

（2）快速排气阀是为了使气缸＿＿＿＿口快速排气从而提高气缸的运动速度而设置的＿＿＿＿型方向控制元件，也经常被称为快排阀。

（3）气动逻辑高压元件的工作压力一般为＿＿＿＿MPa，低压元件工作压力一般为＿＿＿＿MPa。

（4）双压阀又称＿＿＿＿，当双压阀两个输入口 P1 口、P2 口同时进气时，输出口 A 口＿＿＿＿输出。P1 口或 P2 口单独输入时，输出 A 口＿＿＿＿输出。

（5）逻辑元件的动作是依靠＿＿＿＿推动阀芯或通过＿＿＿＿推动阀芯动作，改变气流通路来实现逻辑功能。

（6）"与门"逻辑元件表达式：＿＿＿＿。

二、画图简答题

（1）画出双压阀、快排阀与或门梭阀的图形符号。

（2）填写如表 4-7 所示的真值表。

表 4-7 真值表

与门			或门		
a	b	S	a	b	S
0	0		0	0	
0	0		0	0	
1	1		1	1	
1	1		1	1	

（3）画出"与门"和"或门"逻辑元件的图形符号。

三、分析题

（1）写出如图 4-20（a）与图 4-20（b）所示的逻辑表达式。

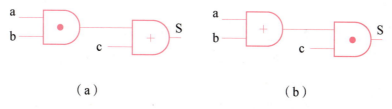

（a）　　　　　　　　（b）

图 4-20　气动逻辑图

（2）分析图 4-21，写出通道 S 口与手动阀 a、手动阀 b、手动阀 c 三者之间的关系表达式，并用逻辑元件图形符号等效表示出来。

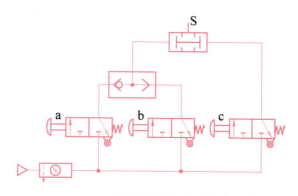

图 4-21　气动系统逻辑元件表达

项目五

压印装置气动系统组装与调试

项目描述

　　压印是将板料放在上、下模之间，在压力作用下使其材料厚度发生变化，并将挤压外的材料充塞在有起伏细纹的模具型腔凸、凹处，而在工件表面得到形成起伏鼓凸及字样或花纹的一种成型方法。如硬币、纪念章等，都是用压印的方法成型的。

　　本项目采用域内加工企业一款典型的压印设备作为案例，模拟了设备内部气动系统回路。一方面通过将设备气动系统拆分为气动延时阀、压力顺序阀为核心的两个典型应用回路，使学生对气动延时阀、压力顺序阀的工作原理、图形符号和基本应用回路有一个清晰的认识与掌握。另一方面对此种压印设备总体气动回路进行组装、调试与控制，培养学生实操动手能力的同时，在实践中养成学生一丝不苟，精细操作的工作意识，为培养优秀的技能型人才筑基。

项目目标

知识目标

（1）了解压印设备的结构与工作流程。

（2）掌握气动延时阀与压力顺序阀的工作原理、图形符号与典型应用。

（3）学习压印装置的气动系统回路与工作原理。

技能目标

（1）能够设计气动延时阀与压力顺序阀构成的气动基本回路。

（2）会分析压印设备气动系统回路的工作流程。

（3）能够搭建调试压印设备气动系统回路。

项目五 压印装置气动系统组装与调试

素养目标

（1）培养学生团结互助，交流合作的能力。
（2）培养学生认真学习，勤于做事的学习态度。
（3）培养学生对待问题和任务的责任心。
（4）培养学生安全生产意识，遵守文明操作规范。

任务一 压印设备气动延时阀回路搭建与调试

任务布置

本任务模拟的压印设备延时回路能保证气缸缩回后延时一定时间后才能伸出工作，提高了气动系统的安全与稳定性。识读如图 5-1 所示的压印设备气动系统延时回路，组装并调试此气动系统回路，要求气缸缩回 SQ1 初始位置 3 s 后按下手动阀 1 气缸才能伸出，到达 SQ2 位置后气缸自动缩回。

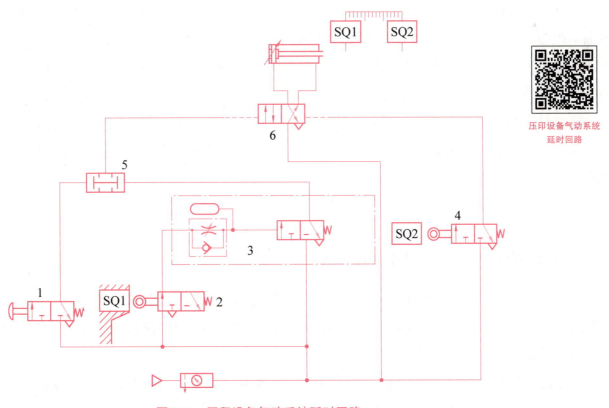

压印设备气动系统
延时回路

图 5-1 压印设备气动系统延时回路

任务分析

气动延时阀是一种常用于气动控制系统中的控制元件,主要作用是根据预设的时间延迟后自动开启或关闭气体通道,从而实现对压缩气流的时间控制。

一、气动延时阀工作原理

如图 5-2 所示为气动延时阀结构原理,气动延时阀通常由阀体、阀芯、气容、节流阀以及单向阀等元件组成,其具有的四个通孔分别是进气口 P、工作口 A、回气口 T 和延时控制口 K。

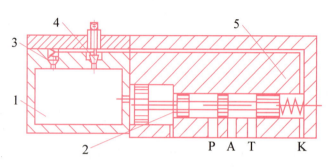

1—气容;2—阀芯;3—单向阀;4—节流阀;5—阀体。

图 5-2 气动延时阀结构原理

如图 5-2 所示,气动延时阀工作原理是:当延时控制口 K 没有高压气流信号时,进气口 P 被隔离,工作口 A 与回气口 T 相连通,A 口连接的气路可以经过 T 口排出。当延时控制口 K 有高压气流信号时,高压气流通过阀体内部特定管道流经节流阀给气容充能。节流阀调节进入气容内的气体流量,调节气容充能的时间,经过预设时间充能后,气容内气体压力达到一定值,气容内的气体推动阀芯右移导致进气口 P 与工作口 A 连通,回气口 T 被阻断,此时气源的高压气体通过 P 口为 A 口工作路供气。当延时控制口 K 中的高压气流消失时,气容内的充能气体通过单向阀流经内部特定管道排出,导致气容内压力下降,阀芯在弹簧的作用下复位回到初始状态。

气动延时阀常应用于自动控制系统和工业自动化控制设备中,配合其他控制元件共同实现一系列自动化处理。例如,在钢铁冶炼行业中,气动延时阀可用于自动控制高炉出钢流的通断;在电子行业中,气动延时阀可用于自动控制半导体加工过程的传动;在汽车行业中,气动延时阀可用于制动系统的控制等。

二、压印设备气动系统延时回路工作流程

识读如图 5-1 所示的压印设备气动系统延时回路,该回路由缩回限位行程阀 2、伸出限位行程阀 4、气动延时阀 3、与门梭阀 5、手动换向阀 1、双气控式换向阀 6 以及双作用气缸等气动元器件组成。

双作用气缸处于缩回初始状态,气缸完全缩回到 SQ1 位置后碰触到限位行程阀 2 导致其阀芯换向,气源高压气体通过缩回限位行程阀 2 左位流入气动延时阀 3,气动延时阀 3 开始充能延时,时间到达设定值后气动延时阀 3 阀芯换向移动,气体进入与门梭阀 5 右侧。此时按下

手动换向阀 1，与门梭阀 5 两侧都有高压气体信号输入，与门梭 5 阀输出气体使双气控式换向阀 6 阀芯换向，双气控式换向阀 6 移至左位气缸开始伸出。气缸伸出到 SQ2 位置后碰触到限位行程阀 4 导致其阀芯移动输出高压气流，双气控式换向阀 6 换向右位，气缸自动缩回。需要注意的是当双作用气缸缩回到位 SQ1 时，如果到位时间未达到气动延时阀 3 设定时间，按下手动换向阀 1 双作用气缸不能伸出。气缸状态分析如表 5-1 所示。

表 5-1　气缸状态分析（有高压气流信号"+"，无高压气流信号"-"）

状态	手动换向阀 1	气动延时阀 3	缩回限位行程阀 2	伸出限位行程阀 4
气缸伸出	+	+（时间到达）	-	+	-
气缸缩回	-	-	-	-	+

任务准备

搭建压印设备延时气动回路所需元器件，如表 5-2 所示。

表 5-2　搭建压印设备延时气动回路所需元器件

元器件名称	数量	元器件名称	数量
气源二联件	1	手动式二位三通换向阀	1
气动延时阀	1	双气控二位四通换向阀	1
双压阀	1	二位三通行程阀	2
双作用气缸	1	气管	若干

实施步骤

压印设备延时阀气动回路

（1）根据图 5-1 所示，选择正确的气动元器件并在实训台进行合理的布局。

（2）根据图 5-1 所示，正确地利用气管连接气动元器件，搭建气动回路。

（3）检查无误后，为气动回路通气源打开气源二联件，调节减压阀的旋转手柄使输出压力保持在 0.4 MPa。

（4）手动压下缩回限位行程阀 2 的滚轮使其换向，与此同时调节气动延时阀 3 时间调节旋钮，气动延时阀 3 设定时间为 5 s。

（5）气动延时阀时间设定后，调整气缸与行程阀 2、4 的位置，观察气缸缩回停留位置是否压紧缩回限位行程阀 2，伸出到位后是否能压紧伸出限位行程阀 4，行程阀 2 与 4 压紧后能否正常换向。

（6）调整完毕后使气缸处于缩回停留位置，关闭气源二联件气源。

（7）接通气源二联件气源，与此同时立刻按下手动换向阀 1 保持，记录时间，观察气缸多少秒后伸出。

（8）气缸伸出后松开手动换向阀1，观察气缸伸出到位碰触伸出限位行程阀4后能否自动缩回。

（9）气缸缩回到位后，立刻按下手动换向阀1，观察气缸能否马上伸出。

（10）填写任务记录表5-3，做好任务记录。

表5-3 任务记录表

任务事项		完成情况	备注
回路搭建	气动元器件布局		
	气动回路连接		
	行程阀2、4位置		
	双压阀安装		
回路控制	气源二联件输出压力		
	气动延时阀时间5 s		
	缩回限位行程阀2控制		
	伸出限位行程阀4控制		
	双压阀信号		
任务实施问题记录			

任务评价

任务评价表如表5-4所示。

表5-4 任务评价表

项目	要求	分数	得分	评价反馈与建议
过程性实施情况	工具使用规范	5		
	元器件选择安装正确	5		
	线路连接规范正确	5		
	气动延时阀调试	10		
	行程阀位置安装	10		
	气动回路整体调试	15		

续表

项目	要求	分数	得分	评价反馈与建议
结果完成情况	工作流程完成	10		
	压力输出 0.4 MPa	5		
	时间延迟 5 s	10		
	双压阀功能实现	10		
素质培养	自主解决问题能力	5		
	团结协作能力	5		
	工作态度	5		
总分				
总结反思				

任务作业

1. 基础作业

（1）简述气动延时阀的工作原理，绘制出图形符号。

（2）简述压印设备延时回路的工作流程。

2. 拓展作业

设计双作用气缸延时动作回路，要求按下手动换向阀气缸延时 5 s 伸出，碰到行程阀时，气缸延时 5 s 缩回。

知识拓展

气动时间控制回路

气动回路中可以通过气动延时阀、蓄能气容、时间继电器等多种方式实现气动回路的时间控制。

一、利用蓄能气容形成的延时切换气动回路

如图 5-3 所示为蓄能气容形成的延时切换气动回路。当按下手动换向阀 1 的按钮后，双气控式换向阀 2 左侧控制口进入气源高压气流信号，主阀芯移动阀 2 换向，双作用气缸活塞杆伸出开始工作。当伸出过程中压下行程阀 5 后，气源压缩气流经过单向节流阀 4 的控制进入蓄能气容，单向节流阀 4 控制压缩气流流量从而调节蓄能时间，一定时间后气容压力达到双气控式换向阀 3 右侧控制口的换向压力，阀 3 才能换向，使气缸返回。

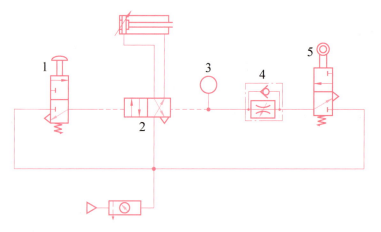

图 5-3 蓄能气容形成的延时切换气动回路

二、利用蓄能气容形成的延时输出气动回路

如图 5-4 所示为蓄能气容形成的延时输出气动回路。当按下手动换向阀 1 的按钮后，输出 A 口没有气源压缩气流输出。此时气源压缩气流经过单向节流阀 2 的控制进入蓄能气容，单向节流阀 2 控制压缩气流流量从而调节蓄能时间，一定时间后气容压力达到单气控式换向阀 4 右侧控制口的换向压力，阀 4 阀芯移动换向导致输出口 A 有气源压缩气流输出。

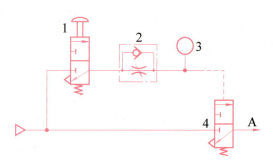

图 5-4 蓄能气容形成的延时输出气动回路

三、电磁阀的时间控制回路

如图5-5所示为电磁阀时间控制回路。电磁阀控制的时间回路气路结构组成相对简单，控制方式易于实现。当电磁阀处于初始状态时双作用气缸处于缩回状态。当按下起动按钮SB2时，时间继电器线圈得电开始计时，到达设定时间后延时闭合开关KT闭合，电磁线圈YA1得电电磁阀换向，双作用气缸开始伸出。按下停止按钮SB1时，电磁线圈YA1失电，电磁阀复位，双作用气缸缩回。

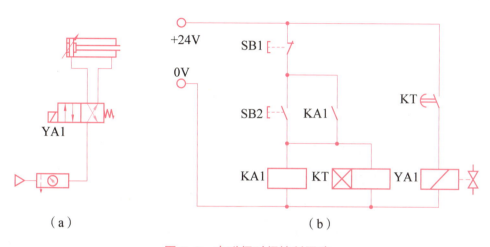

图5-5 电磁阀时间控制回路
（a）气路图；（b）电气控制图

任务二　压印设备压力顺序阀控制回路

任务布置

压印设备压力顺序阀是利用系统气路的压力进行顺序控制动作的元件。本任务要求搭建调试一款气动回路，要求按下手动换向阀双作用气缸伸出，气缸伸出到SQ1位置压紧行程阀，当供气路压力达到0.5 MPa后，气缸自动缩回。

任务分析

在气动系统中，压力顺序阀（见图5-6）通常安装在需要某一特定压力的场合，以便完成某一操作。只有达到需要的操作压力后，压力顺序阀才有气压信

图5-6 压力顺序阀

号输出。

一、压力顺序阀结构与工作原理

如图 5-7 所示,当控制口 K 上的压力信号达到设定值时,压力顺序阀动作,进气口 P 与工作口 A 接通。如果撤销控制口 K 上的压力信号,则压力顺序阀在弹簧作用下复位,进气口 P 被关闭。通过压力调节旋钮可无级调节控制信号压力大小。

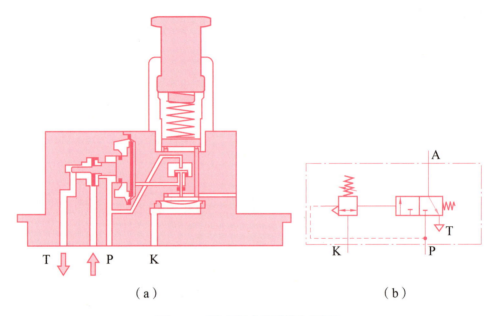

图 5-7 压力顺序阀结构与原理

(a) 内部结构示意图;(b) 图形符号简化

二、压印设备压力顺序阀气动回路

如图 5-8 所示,此压印设备的工作流程如下:按下手动换向阀 2,气源压缩空气通过阀 2 的阀芯进入双气控式换向阀 1 左侧控制口为其提供高压气流信号,双气控式换向阀 1 处于左位,气源压缩空气通过阀 1 的阀芯进入双作用气缸无杆腔气缸开始伸出运行。

当气缸伸出到 SQ1 位置开始对物料进行压印工作时,行程阀 3 滚轮被压下,阀芯移动阀 3 换向使压力顺序阀 4 的工作口与双气控式换向阀 1 的右侧控制口相通,此时因为气缸刚开始伸出压印,供气路压力不足,压力顺序阀的控制 K 口压力不足,阀 4 的阀芯未打开。当气缸压印到物料系统供气路的压力逐渐增加到压力顺序阀设定值时,阀 4 的阀芯移动换向,气源高压气体先后经过阀 4 与阀 3 的阀芯给双气控式换向阀 1 的右侧控制口提供高压气流信号,阀 1 的阀芯移动换向,双作用气缸缩回完成压印工作。压印顺序阀保证了本次压印系统工作时气缸压印物料的工作压力达到了预设值。

识读压印设备压力顺序阀控制流程图 5-9。

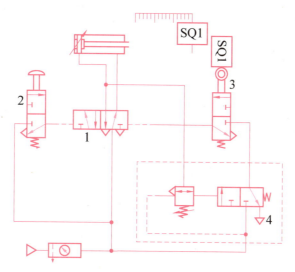

压印设备压力顺序
阀控制回路

图 5-8　压印设备压力顺序阀控制回路

图 5-9　压印设备压力顺序阀控制流程图

任务准备

搭建压印设备延时气动回路所需元器件，如表 5-5 所示。

表 5-5　搭建压印设备延时气动回路所需元器件

元器件名称	数量	元器件名称	数量
气源二联件	1	手动式二位三通换向阀	1
压力顺序阀	1	双气控二位五通换向阀	1
双作用气缸	1	二位三通行程阀	1

实施步骤

（1）根据图 5-8 所示，选择正确的气动元器件并在实训台进行合理的布局。

（2）根据图 5-8 所示，正确利用气管连接气动元器件，搭建气动回路。

（3）检查无误后，为气动回路通气源打开气源二联件，调节减压阀的旋转手柄使输出压力保持在 0.6 MPa。

（4）按下手动换向阀 2 使双气控式换向阀 1 左侧控制口得气，阀芯换向，双作用气缸伸出。

（5）手动压下行程阀 3 的滚轮使其换向，与此同时调节压力顺序阀开启压力为 0.5 MPa，双作用气缸开始缩回。

（6）压力调节完毕后，控制双作用气缸伸出到位 SQ1，调整行程阀 3 的位置，使行程阀 3 滚轮被压紧换向。

（7）调整完毕后，使气缸处于缩回停留位置，按下手动换向阀 1 运行气动系统，观察工作流程。

（8）填写任务记录表 5-6，做好任务记录。

表 5-6 任务记录表

任务事项		完成情况	备注
回路搭建	气动元器件布局		
	气动回路连接		
	行程阀 2、4 位置		
	双压阀安装		
回路控制	气源二联件输出压力		
	气动延时阀时间 5 s		
	行程阀 2 控制		
	行程阀 4 控制		
	双压阀信号		
任务实施问题记录			

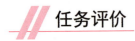
任务评价

任务评价表如表 5-7 所示。

表 5-7 任务评价表

项目	要求	分数	得分	评价反馈与建议
过程性实施情况	工具使用规范	5		
	元器件选择安装正确	5		
	线路连接规范正确	5		
	气动延时阀调试	10		
	行程阀位置安装	10		
	气动回路整体调试	15		

续表

项目	要求	分数	得分	评价反馈与建议
结果完成情况	工作流程完成	10		
	压力输出 0.4 MPa	5		
	时间延迟 5 s	10		
	双压阀功能实现	10		
素质培养	自主解决问题能力	5		
	团结协作能力	5		
	工作态度	5		
最终得分				
总结反思				

任务作业

1. 基础作业

（1）简述气动压力顺序阀的工作原理并画出图形符号。

（2）写出压印设备顺序控制回路的工作流程。

2. 拓展作业

设计双作用气缸压力顺序控制回路，要求按下手动换向阀且气缸1处于缩回位置SQ1时，气缸1伸出。当气缸1伸出到位后压力上升到一定值，双作用气缸2开始伸出到位。

知识拓展

气动顺序动作回路

顺序动作是指在气动回路中各个气缸按一定程序完成各自的动作。在单个气缸顺序动作回路中有单周期往复顺序动作回路、二次往复顺序动作回路和连续往复顺序动作回路等；在多气缸顺序动作回路中有单周期往复顺序动作回路和连续往复顺序动作回路等。

一、单气缸单周期往复顺序动作回路

如图 5-10 所示，按下手动换向阀 1，气源压缩空气进入双气控主阀 2 的左侧控制口，阀 2 阀芯移动至左侧位，双作用气缸伸出。当气缸伸出至位置 SQ1 时，气缸压紧行程阀 3 导致其阀芯移动换向，气源压缩空气进入双气控主阀 2 的右侧控制口，阀 2 阀芯移动至右侧位，双作用气缸缩回，完成气缸的单次往复顺序动作。

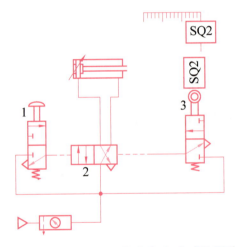

图 5-10 单气缸单周期往复顺序动作回路

二、单气缸连续往复顺序动作回路

如图 5-11 所示，单气控主阀 1 处于初始状态时气缸处于缩回位置 SQ1。当操纵手动换向阀 2 使其换向到上侧位且气缸处于 SQ1 位置时，气源压缩空气依次通过阀 2 与阀 4 进入单气控主阀 1 左侧控制口，单气控主阀 1 得到控制信号阀芯移动换向，气源压缩空气通过阀 1 阀芯进入气缸无杆腔，气缸开始伸出。

气缸伸出离开 SQ1 位置时，行程阀 4 复位，阀芯切断气路的同时保持单气控主阀 1 左侧位控制口有高压信号锁紧，单气控主阀 1 始终保持左侧位气缸持续伸出。

当气缸伸出到 SQ2 位置时压紧行程阀 5 滚轮导致行程阀 5 阀芯换向，阀芯换向将单气控主阀 1 左侧位控制口的高压信号消除，单气控主阀 1 复位，双作用气缸开始缩回。

当气缸缩回至SQ1位置时，气缸压紧行程阀4换向，因手动换向阀2是钢珠定位始终保持上侧位持续为行程阀4供气，气源压缩空气再次通过阀2与阀4进入单气控主阀1左侧控制口，气缸再次开始伸出，循环往复。

操纵手动换向阀2使其处于下侧位时，单气控主阀1处于初始位置，气缸缩回至SQ1位置停止循环。单向节流阀3在气缸伸出过程中对供气路调速。

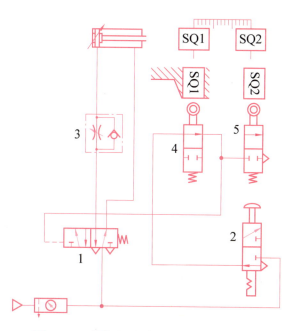

图 5-11　单气缸连续往复顺序动作回路

三、顺序阀控制双作用气缸单周期往复顺序动作回路

如图 5-12 所示为顺序阀控制双作用气缸单周期往复顺序动作回路。单气控主阀1处于常态位时，两个双作用气缸处在缩回位置。当单气控主阀1的电磁线圈YA1得电时，电磁阀换向到左侧位，气源压缩空气进入双作用气缸4无杆腔，有杆腔气体经过单向顺序阀2的单向阀排出，双作用气缸4开始伸出。在双作用气缸4伸出过程中，供气路压力不高未能开启单向顺序阀3，双作用气缸5供气路不通不能伸出。当双作用气缸4伸出到位后，供气管路压力升高到单向顺序阀3弹簧预紧开启压力，单向顺序阀3打开，压缩空气进入双作用气缸5的无杆腔，双作用气缸5开始伸出。

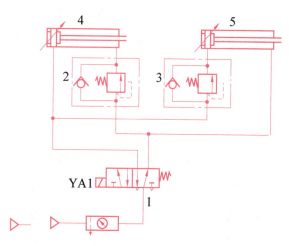

图 5-12　顺序阀控制双作用气缸单周期往复顺序动作回路

双作用气缸伸出到位后，单气控主阀1的电磁线圈 YA1 失电，阀1复位，气源压缩空气进入双作用气缸5的有杆腔，无杆腔内气体经过单向顺序阀3的单向阀排出，双作用气缸5开始缩回。在双作用气缸5缩回过程中，气路压力过低未能打开单向顺序阀2，双作用气缸4的有杆腔无压缩空气进入，双作用气缸4不能动作缩回。当双作用气缸5缩回到位后，供气路压力升高到单向顺序阀2的弹簧预紧开启压力，单向顺序阀2打开，气源压缩空气进入双作用气缸4的有杆腔，双作用气缸4开始缩回。

顺序阀控制双作用气缸单周期往复顺序动作流程如图5-13所示。

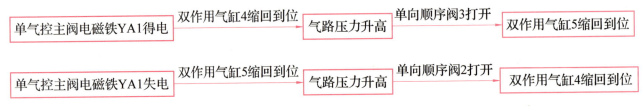

图 5-13　顺序阀控制双作用气缸单周期往复顺序动作流程

任务三　压印设备气动系统的组装与调试

任务布置

本任务基于企业典型工作任务模拟搭建一款压印设备的气动系统回路，要求气缸停留在初始位置 SQ1 同时按下手动换向阀，双作用气缸延时 5 s 开始伸出，气缸伸出到 SQ2 位置压紧行程阀，当供气路压力达到 0.5 MPa 后，气缸自动缩回。气缸伸出过程中可以排气路调速。

任务分析

结合上两个任务，识读图 5-14 压印设备气动系统回路。

当气缸处于缩回状态停留在 SQ1 位置时，气缸压紧行程阀 2 阀芯换向，气源压缩空气进入气动延时阀 3 的气容内，经过设定时间气容压力达到推动延时阀换向的压力值，气动延时阀 3 换向压缩气流进入与门梭阀右侧为其施加控制信号。

按下手动换向阀 1 压缩气流进入与门梭阀左侧，此时与门梭阀两侧都有控制信号，与门梭阀输出高压气体信号导致双气控主阀 3 左侧有信号，主阀换向处于左位，双作用气缸开始伸出。伸出过程中，单向节流阀 8 对气缸伸出的排气路进行调速。

气缸伸出到 SQ2 位置时，压紧行程阀 7 阀芯换向，此时因为伸出管道供气路压力不够，压力顺序阀 4 处于初始状态，主阀芯 6 两侧无控制信号阀依然处于左侧位置，气缸在 SQ2 位置停止供气路压力持续上升。当伸出供气路压力达到压力顺序阀 4 压力阀的开启压力时，压力顺序阀换向，气源压缩气流依次经过阀 4 与阀 7 进入主阀 6 右侧控制口，双气控主阀 6 换向移动至右侧位，双作用气缸缩回。缩回过程中，气流经过单向节流阀 8 的单向阀，气路不调速。

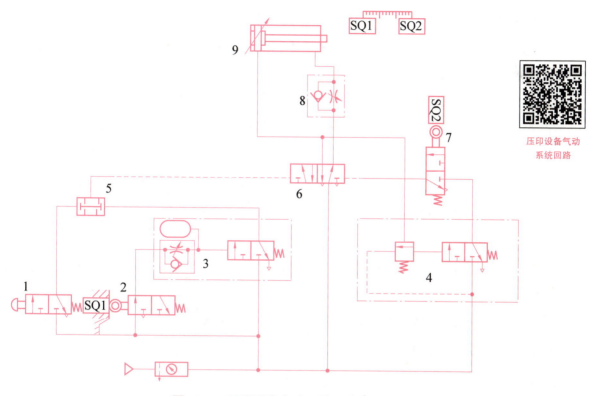

图 5-14　压印设备气动系统回路

当气缸刚缩回到初始位置 SQ1 压下行程阀 2 时，立刻按下手动换向阀 1，因为气动延时阀设置时间未到，气容压力不够气动延时阀换向，因此气缸不能伸出，只有到达初始位置 SQ1 的时间满足气动延时阀设置后双作用气缸才能伸出，起到了稳定工作，保护生产安全的作用。

任务准备

搭建压印设备气动系统回路所需元器件，如表 5-8 所示。

表 5-8　搭建压印设备气动系统回路所需元器件

元器件名称	数量	元器件名称	数量
气源二联件	1	手动式二位三通换向阀	1
压力顺序阀	1	双气控二位五通换向阀	1
双作用气缸	1	二位三通行程阀	2
气动延时阀	1	与门梭阀	1
单向节流阀	1	气管	若干

实施步骤

（1）根据图 5-14 所示，选择正确的气动元器件并在实训台进行合理的布局。

（2）根据图 5-14 所示，正确利用气管连接气动元器件，搭建气动回路。

（3）检查无误后，为气动回路通气源打开气源二联件，调节减压阀的旋转手柄使输出压力保持在 0.5 MPa。

（4）按下行程阀 2 滚轮同时调节气动延时阀 3 开通时间为 5 s。

（5）气动延时阀设置完毕后，调节气缸处于缩回状态停留在 SQ1 处并压紧行程阀 2 使其换向。

（6）关闭单向节流阀，按下手动换向阀 1 同时缓慢调节单向节流阀使气缸慢速伸出。

（7）将压力顺序阀调压螺栓拧紧，在气缸伸出到 SQ2 位置后，调节行程阀 7 的位置使其被压紧处于换向状态。

（8）行程阀 7 压紧后缓慢将压力顺序阀调压螺栓松开至主阀芯右侧有信号，双作用气缸缩回。

（9）调节完毕后将气源二联件的输出压力调定回 0.6 MPa。

（10）填写任务记录表 5-9，做好任务记录。

表 5-9 任务记录表

任务事项		完成情况	备注
回路搭建	气动元器件布局		
	气动回路连接		
	行程阀 2、4 位置		
	双压阀安装位置		
	单向节流阀安装位置		
回路控制	气源二联件输出压力		
	气动延时阀时间 5 s		
	行程阀 2 控制		
	行程阀 4 控制		
	双压阀信号		
	压力顺序阀压力调定		
	气缸伸出慢速		
任务实施问题记录			

任务评价

任务评价表如表 5-10 所示。

表 5-10 任务评价表

项目	要求	分数	得分	评价反馈与建议
过程性实施情况	工具使用规范	5		
	元器件选择安装正确	5		
	线路连接规范正确	5		
	气动延时阀调试	5		
	压力顺序阀调试	5		
	行程阀位置安装	10		
	气动回路整体调试	15		
结果完成情况	工作流程完成	10		
	缩回压力 0.5 MPa	5		
	时间延迟 5 s	5		
	双压阀功能实现	5		
	自动缩回	5		
	伸出慢速	5		
素质培养	自主解决问题能力	5		
	团结协作能力	5		
	安全操作规范	5		
最终得分				
总结反思				

任务作业

设计双作用气缸系统回路，要求按下手动换向阀且压力高于 0.3 MPa 时气缸伸出。当气缸伸出到位后停留 5 s，双作用气缸开始缩回。

项目六

真空吸吊机气动系统

 项目描述

真空吸吊机是一种快速、安全、方便的自动化设备。真空吸吊机利用真空吸附的原理,将真空泵或真空鼓风机作为真空源,在吸盘端产生真空,从而将各种工件牢牢吸起,并通过可回转的机械臂或者吊机把工件搬运到指定位置。

本项目以一款物流企业用于搬运的真空吸吊机设备作为典型案例,介绍了真空吸盘、真空发生器的结构与工作原理,该设备气动系统的组成原理、工作流程与电气控制。通过本项目的学习,要求学生能够熟练地搭建调试真空吸吊机气动系统回路与电气控制回路,达到对气动系统更深层次理解与对企业气动设备熟悉的目的。

 项目目标

知识目标

(1) 了解真空吸吊机的结构与工作流程。
(2) 掌握真空吸盘、真空发生器的工作原理与图形符号。
(3) 学会真空吸吊机气动系统回路与电气控制回路。

技能目标

(1) 会分析真空吸吊机气动回路的工作原理与生产流程。
(2) 能够搭建调试吸吊机真空气路与气动系统回路。
(3) 能够搭建调试真空吸吊机气动系统电气控制回路。

素养目标

(1) 培养学生查阅搜集资料,勤于思考的能力。
(2) 培养学生团队意识,勤于做事的学习态度。

(3) 培养学生对待问题和任务的责任心。

(4) 培养学生安全生产意识，遵守文明操作规范。

任务一　吸吊机真空气动回路搭建与调试

任务布置

真空吸盘作为真空吸吊机工作的重要气动元器件，它与真空发生器构建的真空气动回路直接影响了真空吸吊机气动系统的性能和搬运质量。本任务简化了真空吸吊机的真空吸盘气动系统，要求学生参照如图6-1所示的吸吊机真空气动回路，利用真空发生器与吸盘搭建简易的真空气动系统，操控完成对小质量简单物体的吸放工作。

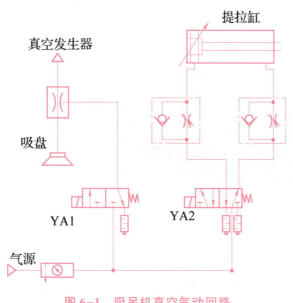

图6-1　吸吊机真空气动回路

任务分析

吸吊机真空回路利用真空吸附的原理在吸盘端产生真空进行工作。

一、真空吸盘

真空吸盘，又称真空吊具，是一种利用气压差来实现吸附物体的装置。真空吸盘在自动化生产线、机器人工作台和物流设备中应用广泛，为各行业提供了高效、可靠的物体搬运解决方案。

真空吸盘品种多样，由橡胶制成的吸盘可在高温下进行操作，由硅橡胶制成的吸盘非常适于抓住表面粗糙的制品，由聚氨酯制成的吸盘则很耐用。另外，在实际生产中，如果要求吸盘具有耐油性，则可以考虑使用聚氨酯、丁腈橡胶或含乙烯基的聚合物等材料来制造吸盘。通常，为避免制品的表面被划伤，最好选择由丁腈橡胶或硅橡胶制成的带有波纹管的吸盘。吸盘材料采用丁腈橡胶制造，具有较大的扯断力，因而广泛应用于各种真空吸持设备上。

二、真空发生器

真空发生装置有真空泵和真空发生器两种。真空发生器是利用正压气源的压缩空气流动形成一定负压真空度的气动元器件。

真空发生器根据喷射器原理产生真空。如图 6-2 所示，当压缩空气从进气口 P 流向排气口 R 时，在真空口 A 上就会产生真空。吸盘与真空口 A 连接。如果在进气口 P 无压缩空气，则抽空过程就会停止。

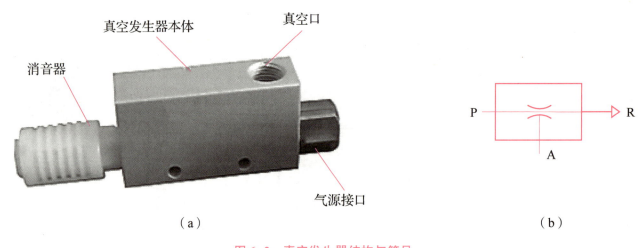

图 6-2 真空发生器结构与符号

(a) 真空发生器结构；(b) 图形符号

真空发生器就是一种新型、高效、清洁、经济、小型的真空元器件，与真空泵相比，它的结构简单、体积小、质量小、价格低、安装方便，与配套件复合化容易，真空的产生和解除快，宜从事流量不大的间歇工作，适合分散使用。真空发生器广泛应用于工业自动化中的机械、电子、包装、印刷、塑料及机器人等领域。

三、吸吊机真空气动回路工作原理分析

识读如图 6-1 所示的吸吊机真空气动回路，电磁式二位三通阀接真空发生器，当电磁线圈 YA1 得电时，气源高压空气进入真空发生器进气口，真空发生器连通的真空吸盘产生真空

负压将物体负载吸附，进行搬运。电磁线圈 YA1 失电时，二位三通电磁阀复位，真空发生器进气口气源断开导致连通的真空吸盘负压消失，从而对物体负载的吸附力消失，搬运结束。二位五通电磁阀控制提拉缸，当电磁线圈 YA2 失电时，二位五通电磁阀阀芯在初始状态，提拉缸处于缩回拉升状态，当电磁线圈 YA2 得电时，二位五通电磁阀阀芯换向，提拉缸处于伸出下降状态。提拉缸伸出、缩回均可进行排气路单独调速。

四、吸吊机真空气动回路电气控制分析

如图 6-3 所示，开关 SB1、SB2 为手动复位按钮开关。当 SB2 手动复位按钮处于按下闭合状态时，电磁线圈 YA2 得电，提拉缸处于伸出下降状态。提拉缸伸出到位，按下 SB1 手动复位按钮，使其常开触点处于闭合状态时，电磁线圈 YA1 得电，真空吸盘能够吸取搬运物体。再次按下 SB2 手动复位按钮，使其常开触点处于断开状态时，电磁线圈 YA2 失电，提拉缸处于缩回拉升状态。

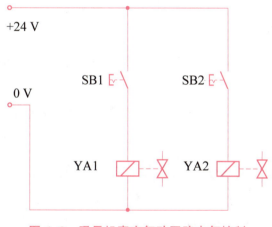

图 6-3　吸吊机真空气动回路电气控制

任务准备

1. 搭建吸吊机真空气动系统回路所需元器件，如表 6-1 所示。

表 6-1　搭建吸吊机真空气动系统回路所需元器件

元器件名称	数量	元器件名称	数量
气源二联件	1	二位三通电磁阀	1
单向节流阀	2	二位五通电磁阀	1
可调双作用气缸	1	真空发生器	1
真空吸盘	1	轻载料块	1

2. 搭建吸吊机真空系统电气控制回路所需元器件，如表 6-2 所示。

表 6-2　搭建吸吊机真空系统电气控制回路所需元器件

元器件名称	数量	元器件名称	数量
手动复位开关按钮	2	24V 电源	1

实施步骤

真空吸吊机

（1）根据图 6-1 与图 6-3 选择正确的气动元器件与电气元器件。

（2）根据气动回路系统图 6-1，对气动元器件在实训台上进行合理的布局。

（3）正确利用气管连接气动元器件，搭建气动回路。

（4）检查无误后，为气动回路通气源打开气源二联件并将压力调至 0.5MPa。

（5）根据气动电气控制回路图 6-3，将电气元器件在实训台上利用导线进行正确的电路连接，搭建电气控制回路。

（6）操作开关按钮 SB1 使电磁线圈 YA1 得电，观察真空发生器是否工作，将轻载料块放在吸盘口检查能否被正常吸附。

（7）按下开关按钮 SB2 使电磁线圈 YA2 得电，观察提拉气缸伸出的同时调节单向节流阀使其慢速伸出。

（8）再次按下开关按钮 SB2 使电磁线圈 YA2 失电，观察提拉气缸缩回的同时调节单向节流阀使其中速缩回。

（9）调节完成后，操作开关 SB1 吸附料块，按下开关 SB2 将料块提拉，提拉完成后再次按下开关 SB2，将料块放下，操作开关 SB1 取消料块的吸附。

（10）填写任务记录表 6-3，做好任务记录。

表 6-3　任务记录表

任务事项		完成情况	备注
气动回路搭建	气动元器件布局合理		
	气动回路连接正确		
	气管接头平整		
	单向节流阀接口正确		
	真空发生器连接		
	吸盘连接		
电气回路搭建	电源接线正确		
	电磁线圈接线正确		
	开关按钮接线正确		

续表

任务事项		完成情况	备注
回路控制	输出压力达到要求		
	提拉缸伸出慢速		
	提拉缸缩回中速		
	料块吸取		
	任务实施问题记录		

任务评价

任务评价表如表6-4所示。

表6-4 任务评价表

项目	要求	分数	得分	评价反馈与建议
过程性实施情况	工具使用规范	5		
	元器件选择安装正确	5		
	气动回路连接正确	10		
	电气回路连接正确	10		
	回路搭建调试	10		
结果完成情况	换向阀工作完成	10		
	压力输出正确	5		
	单向节流阀调速正确	5		
	料块吸取	10		
	电气控制正确	10		
素质培养	自主解决问题能力	5		
	团结协作能力	5		
	工作态度	5		
文明规范	行为、着装文明	5		
最终得分				
总结反思				

任务作业

1. 基础作业

（1）简述真空发生器的工作原理，画出图形符号。

（2）简述真空吸盘的类型及特点。

2. 拓展作业

采用手动换向阀、单气控式换向阀、真空发生器、吸盘和气缸等气动元器件，设计一款简易的搬运系统，要求实现全气动环境工作。

知识拓展

压力表示方法与真空度

真空系统是指低于该地区大气压的稀薄气体状态，当压力低于标准大气压时产生了真空度的概念，真空度用来描述处于真空状态下的气体稀薄程度。

一、压力的表示方法

压力表示方法有两种，即绝对压力和相对压力。

绝对压力是以绝对真空作为基准所表示的压力，一般需在表示绝对压力的符号的右下角标注"abc"，即 P_{abs}。绝对压力值需要用绝对压力仪表测量，在20℃海拔高度为零的地方，用于测量真空度的仪表（绝对真空表）的初始值为101.325 kPa（即一个标准大气压）。

相对压力是以标准大气压力为基准所测量的压力。大多数测压仪表所测得的压力都是相对压力，又称为表压力。表压力即高出当地大气压的压力值，表压力的符号一般不做标注，必要时可以在其右下角标注"e"，即 P_e。

在液压和气压传动系统中，除非做特别说明，压力均指相对压力。绝对压力、相对压力和真空度的相对关系如图6-4所示。

一个标准大气压是这样规定的：把温度为0℃、纬度45°海平面上的气压称为1个大气压，水银气压表上的数值为760 mm水银柱高。一个标准大气压的数值为101 325 Pa。每个地方由于地理位置、海拔高度、温度等不同，当地的实际大气压与标准大气压也不相等，但出于简化目的，有时候可以近似认为常压就是一个标准大气压，即 100 kPa。

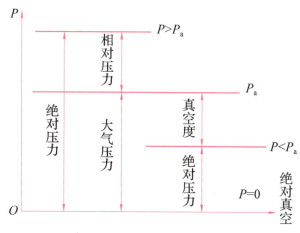

P——实际压力；P_a——一个标准大气压。

图 6-4　绝对压力、相对压力和真空度的相对关系

二、真空度

负压是指比常压的气压低的气体状态，也就是我们常说的真空。例如，用吸管喝饮料时，管子里就是负压；用来挂东西的吸盘挂钩内部也是负压。正压是指比常压的气压高的气体状态。例如，给自行车或汽车轮胎打气时，打气筒或打气泵的出气端产生的就是正压。

通过图 6-4 我们可以看出，相对压力为正值时称表压力，为负值时称真空度。真空度的数值等于标准大气压减去绝对压力。真空度高表示真空度"好"的意思，真空度低表示真空度"差"的意思。真空度单位为帕斯卡（简称帕，字母为 Pa）。

我们通常对于真空度的标识有两种方法：

（1）用绝对压力、绝对真空度（即比理论真空高多少压力）标识；在实际情况中，真空泵的绝对压力值介于 0～101.325 kPa。

（2）用相对压力、相对真空度（即比大气压低多少压力）来标识。相对真空度是指被测对象的压力与测量地点大气压的差值。用普通真空表测量。在没有真空的状态下（即常压时），表的初始值为 0。当测量真空时，它的值介于 -101.325～0 kPa（一般用负数表示）。比如，一款微型真空泵测量值为 -75 kPa，则表示泵可以抽到比测量地点的大气压低 75 kPa 的真空状态。

三、真空压力单位转化

常用的真空度单位有 Pa、kPa、MPa。换算关系如下：

1 MPa = 10^3 kPa = 10^6 Pa。

任务二　吸吊机气动系统回路搭建与调试

任务布置

真空吸吊机利用真空吸附的原理，在吸盘端产生真空将各种工件牢牢吸起，并通过可回转的机械臂或者吊机把工件搬运到指定位置。本任务要求学生识读如图 6-5 所示的真空吸吊机气动回路，熟练搭建并调试如图 6-5 所示的真空吸吊机气动系统回路和如图 6-8 所示的真空吸吊机电气控制回路，模拟操控完成物流搬运的工作流程。

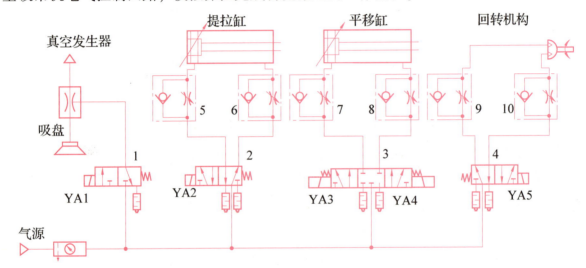

图 6-5　真空吸吊机气动系统回路

真空吸吊机气动回路

任务分析

本任务模拟的是一款物流企业用于搬运的真空吸吊机系统，如图 6-6 所示。

图 6-6　真空吸吊机系统

一、真空吸吊机气动回路分析

如图 6-5 所示的真空吸吊机气动系统回路，其主要工作流程如下：

（1）工件吸取：真空吸盘负责工件搬运过程中的工件吸附控制。电磁线圈 YA1 得电时，二位三通电磁阀 1 换向，气源高压空气进入真空发生器进气口，真空发生器连通的真空吸盘产生真空负压将工件负载吸附，搬运开始。电磁线圈 YA1 失电时，二位三通电磁阀 1 复位，真空发生器进气口气源断开导致连通的真空吸盘负压消失，从而对工件负载的吸附力消失，搬运结束。

（2）工件的拉升与下放：提拉缸负责工件搬运过程中的拉升与下放控制。二位五通电磁阀 2 控制提拉缸，电磁线圈 YA2 失电时，二位五通电磁阀 2 阀芯在初始状态，提拉缸处于缩回拉升状态，电磁线圈 YA2 得电时，二位五通电磁阀 2 阀芯换向，提拉缸处于伸出下降状态。提拉缸伸出、缩回均可排气路单独调速，单向节流阀 5 控制提拉缸的拉升速度，单向节流阀 6 控制提拉缸的下放速度。

（3）工件的水平搬运：平移缸负责工件搬运过程中的水平移动控制。三位五通电磁阀 3 控制平移缸，电磁线圈 YA3 得电时，三位五通电磁阀 3 阀芯处于左位状态，平移缸处于伸出状态。电磁线圈 YA4 得电时，三位五通电磁阀 3 阀芯处于右位状态，平移缸处于缩回状态。电磁线圈 YA3、YA4 同时失电时，三位五通电磁阀 3 阀芯处于初始状态，平移缸处于锁紧状态。平移缸伸出、缩回均可排气路单独调速，单向节流阀 7 控制平移缸的缩回速度，单向节流阀 8 控制平移缸的伸出速度。

（4）工件的回转移动：摆动缸负责工件搬运过程中的回转移动控制。二位五通电磁阀 4 控制摆动缸，电磁线圈 YA5 失电时，二位五通阀 4 阀芯在初始状态，摆动缸工作使真空吸吊机工作臂回转摆动到与要吸附工件的位置处于同一水平直线上。电磁线圈 YA5 得电时，二位五通阀 4 阀芯在换向状态，摆动缸工作使真空吸吊机工作臂回转摆动到与下放工件的位置处于同一水平直线上。摆动缸双向回转均可排气路单独调速。

（5）真空吸吊机的工作流程如图 6-7 所示。

图 6-7 真空吸吊机的工作流程

二、真空吸吊机电气控制回路分析

真空吸吊机输入、输出分配如表 6-5 所示。

表 6-5 真空吸吊机输入、输出分配

输入端		
器件符号	器件名称	器件作用
SB1	手动复位按钮开关	控制吸盘工作
SB2	手动复位按钮开关	控制提拉缸工作
SB3	自动复位按钮开关	控制平移缸停止
SB4	自动复位按钮开关	控制平移缸伸出
SB5	自动复位按钮开关	控制平移缸缩回
SB6	手动复位按钮开关	控制摆动缸回转
输出端		
YA1	阀 1 电磁线圈	得电吸盘吸附
YA2	阀 2 电磁线圈	得电提拉缸下放
YA3	阀 3 电磁线圈	得电平移缸伸出
YA4	阀 3 电磁线圈	得电平移缸缩回
YA5	阀 4 电磁线圈	得电摆动缸回转
KA1	中间继电器	提供辅助触点控制 YA3
KA2	中间继电器	提供辅助触点控制 YA4

识读如图 6-8 所示的真空吸吊机电气控制回路。SB1、SB2、SB6 为手动复位按钮开关，SB3、SB4、SB5 为自动复位按钮开关，KA1、KA2 为中间继电器。

如图 6-8（a）所示，按下按钮 SB1 常开触点闭合，电磁线圈 YA1 得电，吸盘开始吸附工作，再次按下 SB1 使其常开触点断开，电磁线圈 YA1 失电，吸盘停止吸附。按下按钮 SB2 常开触点闭合，电磁线圈 YA2 得电，提拉缸开始下放工作，再次按下 SB2 使其常开触点断开，电磁线圈 YA2 失电，提拉缸开始拉升工作。

如图 6-8（b）所示，按下按钮 SB4，中间继电器 KA1 得电辅助常开触点闭合，电磁线圈 YA3 得电，平移缸伸出工作。按下按钮 SB5，中间继电器 KA2 得电辅助常开触点闭合，电磁线圈 YA4 得电，平移缸缩回工作。按下按钮 SB3，断开中间继电器 KA1、KA2，使电磁线圈 YA3、YA4 失电，平移缸锁紧停止。中间继电器 YA3、YA4 采用按钮互锁。

如图 6-8（a）所示，按下按钮 SB6 常开触点闭合，电磁线圈 YA5 得电，摆动缸开始工作，使真空吸吊机工作臂回转摆动到与下放工件的位置处于同一水平直线上，再次按下按钮 SB6 使其常开触点断开，电磁线圈 YA5 失电，摆动缸回转工作使真空吸吊机工作臂回转摆动到与要吸附工件的位置处于同一水平直线上。

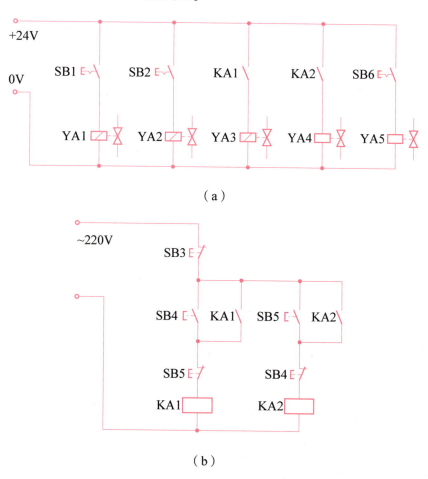

图 6-8 真空吸吊机电气控制回路

任务准备

（1）搭建真空吸吊机气动系统回路所需元器件，如表 6-6 所示。

表 6-6 搭建真空吸吊机气动系统回路所需元器件

元器件名称	数量	元器件名称	数量
气源二联件	1	二位三通电磁阀	1
单向节流阀	2	二位五通电磁阀	2
摆动缸	1	三位五通电磁阀	1
可调双作用气缸	2	真空发生器	1
真空吸盘	1	轻载料块	1

111

(2)搭建吸吊机真空系统电气控制回路所需元器件,如表6-7所示。

表6-7 搭建吸吊机真空系统电气控制回路所需元器件

元器件名称	数量	元器件名称	数量
手动复位按钮开关	3	24V 直流电源	1
自动复位按钮开关	3	220V 交流电源	1
中间继电器	2		

实施步骤

(1)根据表6-6与表6-7选择正确的气动元器件与电气元器件。

(2)根据如图6-5所示的真空吸吊机气动系统回路,对气动元器件在实训台上进行合理的布局。

(3)正确利用气管连接气动元器件,搭建气动回路。

(4)检查无误后,为气动回路通气源打开气源二联件并将压力调至0.5 MPa。

(5)根据如图6-8所示的真空吸吊机电气控制回路,将电气元器件在实训台上利用导线进行正确的电路连接,搭建电气控制回路。

(6)操作按钮SB1使电磁线圈YA1得电,观察真空发生器是否工作,将轻载料块放在吸盘口检查能否被正常吸附。

(7)按下按钮SB2使按钮常开触点闭合,电磁线圈YA2得电,观察提拉气缸伸出的同时调节单向节流阀使其慢速伸出。

(8)再次按下按钮SB2使按钮常开触点断开,电磁线圈YA2失电,观察提拉气缸缩回的同时调节单向节流阀使其中速缩回。

(9)按下按钮SB4使电磁线圈YA3得电的同时电磁线圈YA4失电,观察平移缸伸出的同时调节单向节流阀使其慢速伸出。

(10)再次按下按钮SB5使电磁线圈YA4得电的同时电磁线圈YA3失电,观察平移缸缩回的同时调节单向节流阀使其慢速缩回。

(11)按下按钮SB4使电磁线圈YA3得电后按下按钮SB3,观察电磁线圈YA3是否失电。按下按钮SB5使电磁线圈YA4得电后按下按钮SB3,观察电磁线圈YA4是否失电。

(12)按下按钮SB6使按钮常开触点闭合,电磁线圈YA5得电,观察摆动缸回转的同时调节单向节流阀使其回转速度缓慢,回转到位后调节摆动缸角度使真空吸吊机工作臂回转摆动到与下放工件的位置处于同一水平直线上。

(13)按下按钮SB6使按钮常开触点闭合,电磁线圈YA5失电,观察摆动缸回转的同时调节单向节流阀使其回转速度缓慢,回转到位后调节摆动缸角度使真空吸吊机工作臂回转摆动到与吸附工件的位置处于同一水平直线上。

（14）调节完成后，按下按钮 SB4 平移缸伸出到位后，按下按钮 SB2 提拉缸下放到位，按下按钮 SB1 吸盘吸附料块，再次按下按钮 SB2 将料块提拉，提拉完成后再次按下按钮 SB6 摆动缸回转到与下放工件的位置同一水平直线上，按下按钮 SB5 平移缸缩回到位后按下按钮 SB3 平移缸锁紧停止，再次按下按钮 SB2 将料块放下，操作按钮 SB1 取消料块的吸附，完成整个工作流程。

（15）填写任务记录表 6-8，做好任务记录。

表 6-8　任务记录表

	任务事项	完成情况	备注
气动回路搭建	气动元器件布局合理		
	气动回路连接正确		
	气管接头平整		
	单向节流阀接口正确		
	真空发生器连接正确		
	吸盘连接正确		
	换向阀与气缸连接正确		
电气回路搭建	电源接线正确		
	电磁线圈接线正确		
	中间继电器接线正确		
	开关按钮接线正确		
回路控制	输出压力达到要求		
	提拉缸伸出慢速		
	提拉缸缩回中速		
	平移缸伸出、缩回慢速		
	平移缸锁紧停止		
	摆动缸摆动位置		
	料块吸取		
	任务实施问题记录		

任务评价

任务评价表如表6-9所示。

表6-9 任务评价表

项目	要求	分数	得分	评价反馈与建议
过程性实施情况	工具使用规范	5		
	元器件选择安装正确	5		
	气动回路连接正确	10		
	电气回路连接正确	10		
结果完成情况	压力输出正确	5		
	单向节流阀调速正确	10		
	料块吸取	5		
	电气控制正确	10		
	工作流程完成	20		
素质培养	自主解决问题能力	5		
	团结协作能力	5		
	工作态度	5		
文明规范	行为、着装文明	5		
最终得分				
总结反思				

任务作业

简述真空吸吊机整个工作流程并填写电磁线圈得电状态。

（1）真空吸吊机工作流程：

（2）写出下列缸动作时电磁线圈状态：

①平移缸伸出搬运工件，得电的电磁线圈有_____；

②平移缸缩回搬运工件，得电的电磁线圈有_____；

③提拉缸伸出搬运工件，得电的电磁线圈有_____；

④提拉缸缩回搬运工件，得电的电磁线圈有_____。

知识拓展

真空泵

真空泵是利用机械、物理等各种方法在某一封闭空间中改善、产生和维持真空的装置。真空泵在吸入口形成负压，排气口直接通大气，两端口形成很大压力比，被广泛用于冶金、化工、食品、电子镀膜等行业。液水环真空泵如图6-9所示。

图6-9 液水环真空泵

一、真空泵的类型

真空泵常按泵的工作原理与产生的真空度进行分类。

1. 按工作原理分类

按工作原理分为气体输送泵和气体捕集泵两类。气体输送泵是一种能使气体不断吸入和排出，借以达到抽气目的的真空泵，包括变容真空泵、动量传输泵。气体捕集泵是一种使气体分子被吸附或凝结在泵的内表面上，从而减小了容器内的气体分子数目而达到抽气目的的真空泵，包括吸附泵、吸气剂泵、吸气剂离子泵、低温泵。

2. 按真空度分类

按真空度分为粗真空度、高真空度和超高真空度三类。粗真空度真空泵主要用来抽除空气和其他有一定腐蚀性、不溶于水、允许含有少量固体颗粒的气体。广泛用于食品、纺织、医药、化工等行业的真空蒸发、浓缩、浸渍、干燥等工艺过程中。该型泵具有真空度高、结构简单、使用方便、工作可靠、维护方便的特点。

高真空度真空泵包括滑阀式真空泵、旋片式真空泵、罗茨真空泵。

（1）滑阀式真空泵广泛应用于真空拉晶、真空镀膜、真空冶金、真空热处理、真空浸渍、真空干燥、真空蒸馏、真空练泥、航空航天模拟试验等新材料、新技术、新工艺的生产与研制中。

（2）旋片式真空泵具有结构紧凑、体积小、质量小、噪声低、振动小等优点。适用于作扩散泵的前级泵，而且更适用于精密仪器配套和实验室使用。例如质谱仪器、冰箱流水线、真空冷冻干燥机等。

（3）罗茨真空泵是一种旋转式变容真空泵，主要用于真空机组的主泵，须有前级泵配合辅助方可使用。罗茨真空泵在较宽的压力范围内，有较大的抽速，对被抽除气体中含有灰尘和水蒸气不敏感，国内最大罗茨真空泵抽速保持纪录为 20 000 L/s，被广泛用于冶金、化工、食品、电子镀膜等行业。

二、旋片式真空泵的工作原理

如图 6-10 所示，旋片式真空泵主要由泵体、转子、旋片、端盖、弹簧等组成。在旋片式真空泵的腔内偏心地安装一个转子，转子外圆与泵腔内表面相切（二者有很小的间隙），转子槽内装有带弹簧的两个旋片。旋转时，靠离心力和弹簧的张力使旋片顶端与泵腔的内壁保持接触，转子旋转带动旋片沿泵腔内壁滑动。

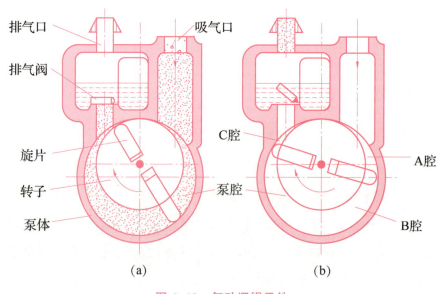

图 6-10 气动逻辑元件

旋片式真空泵的旋片把转子、泵腔和两个端盖所围成的月牙形空间分隔成 A、B、C 三部分，当转子按箭头方向旋转时，与吸气口相通的空间 A 的容积是逐渐增大的，正处于吸气过程。而与排气口相通的空间 C 的容积是逐渐缩小的，正处于排气过程。居中的空间 B 的容积也是逐渐减小的，正处于压缩过程。由于空间 A 的容积逐渐增大（即膨胀），气体压强降低，泵的入口处外部气体压强大于空间 A 内的压强，因此将气体吸入。当空间 A 与吸气口隔绝时，即转至空间 B 的位置，气体开始被压缩，容积逐渐缩小，最后与排气口相通。当被压缩空气超过排气压强时，排气阀被压缩空气推开，气体穿过油箱内的油层排至大气中。由泵的连续运转，达到连续抽气的目的。

三、真空泵的参数介绍

（1）极限压强：指泵在入口处装有标准试验罩并按规定条件工作，在不引入气体正常工作的情况下，趋向稳定的最低压强，单位是 Pa。

（2）抽气速率：指在一定的压强和温度下，单位时间内由泵进气口处抽走的气体体积，简称抽速。通常用 L/s 或 m^3/h 表示。抽气速率可以反映真空泵的抽气能力。

（3）抽气量：指对于给定气体，在一定温度下，单位时间内从真空泵吸气口平面处抽除的气体流量。真空泵的抽气量主要受到泵的结构、转速、密封性和工作介质等因素的影响。通常用（Pa·L/s）或（Pa·m^3/s）表示。

（4）压缩比：指泵对给定气体的出口压强与入口压强之比。

（5）起动压强：指泵无损坏起动并有抽气作用时的压强。

四、真空系统常用名称含义

（1）主泵：在真空系统中，用于获得所需要真空度来满足特定工艺要求的真空泵，如真空镀膜机中的油扩散泵就是主泵。

（2）前级泵：用于维持某一真空泵前级压强低于其临界前级压强的真空泵，如罗茨泵前配置的旋片或滑阀泵就是前级泵。

（3）粗抽泵：在大气压下开始抽气，并将系统压力抽到另一真空泵开始工作的真空泵，如真空镀膜机中的滑阀泵，就是粗抽泵。

项目七

加工中心气动夹紧与换刀系统

 项目描述

本项目以企业数控加工中心的气动夹紧、换刀设备作为典型案例,主要介绍了机床气动夹紧与换刀系统的结构组成、工作原理。通过本项目的学习,要求学生能读懂气动夹紧系统工作原理图,学会分析气动夹紧系统的工作过程,并根据工作原理图正确组装气动回路,达到对气动系统更深层次理解及熟悉企业气动设备的目的。

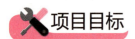 项目目标

知识目标

(1) 了解加工中心气动夹紧与换刀系统的结构与工作流程。
(2) 掌握加工中心气动夹紧与换刀系统的工作原理与图形符号。
(3) 学会加工中心换刀系统的电气控制回路。
(4) 学习气动回路工作原理的分析方式方法。

技能目标

(1) 会分析夹紧系统气动回路的工作原理与工作流程。
(2) 会分析 H400 型加工中心气动换刀系统的工作原理与流程。
(3) 能够根据气动原理图搭建调试夹紧与换刀气动系统回路。
(4) 能够根据电气原理图搭建调试气动换刀系统电气控制回路。
(5) 能够设计简易的自动夹紧气动系统回路。

素养目标

(1) 培养学生查阅搜集资料,勤于思考的能力。
(2) 培养学生集体荣誉意识、团队相互协作的能力。
(3) 培养学生分析问题、处理问题和解决问题的能力。
(4) 培养学生对于任务的责任心和勇于担当的精神。

任务一　气动机床夹紧系统

任务布置

本任务针对域内生产企业的生产需要与工作流程设计了一款气动机床夹紧系统,如图7-1所示,要求学生参照图7-1,按照流程搭建调试气动系统实现加工件的夹紧工作。

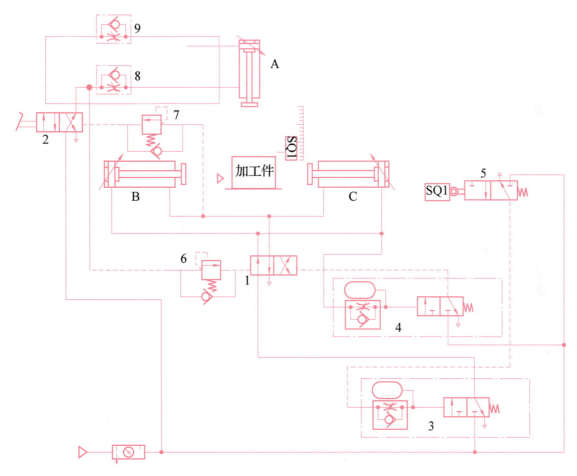

图7-1　机床夹紧系统气动回路

任务分析

机械加工过程中为防止工件因切削力、离心力、重力等因素发生位移或振动,将工件始终定位保持在正确的加工位置,一般的机床夹具常采用夹紧装置将工件压紧。

如图7-1所示的机床夹紧系统气动回路中,气缸A为垂直夹紧缸,气缸B、C为水平夹紧缸,其主要工作流程如下:

(1) 加工件垂直夹紧：操作人员踩下踏板时，脚踏式换向阀 2 阀芯处于左侧位，气源高压空气进入，通过阀 2 进入垂直夹紧缸 A 的无杆腔内，缸 A 伸出到位，在垂直方向上开始夹紧加工件，缸 A 伸出的速度是由单向节流阀 8 进行排气路调节的。

(2) 加工件水平夹紧：垂直夹紧缸 A 伸出到 SQ1 位置夹紧时，挡块压下行程阀 5 阀芯换向，气源压缩空气通过阀 5 换向位进入气动延时阀 3 的控制口给其施加信号，阀 3 控制口气容开始蓄能，经过一定时间气动延时阀 3 换向，气源高压气体通过阀 3 左侧位后经双气控主阀 1 左侧位分别进入水平夹紧缸 B、C 的无杆腔内，缸 B、C 同时伸出对加工件进行水平夹紧操作。

(3) 延时水平缸松开：在水平夹紧缸 B、C 开始夹紧工作的时候，高压气源进入气动延时阀 4 的控制口给其施加信号，阀 4 控制口气容开始蓄能，经过一定时间气动延时阀 4 换向，气源高压气体通过阀 4 左侧位后给双气控主阀 1 的右侧气控口施加高压信号，阀 1 阀芯换向右侧位，气源高压气体通过阀 3 左侧位后经双气控主阀 1 右侧位分别进入水平夹紧缸 B、C 的有杆腔内，缸 B、C 同时缩回松开加工件，此时气动延时阀 4 控制口高压信号消失，其阀芯复位。

为了保证对工件有足够的加工时间，阀 4 的延时调定时间一定要有充足的保障。

(4) 垂直缸松开：当水平夹紧缸 B、C 缩回到位，它们的有杆腔气路压力上升，压力上升到单向顺序阀 7 开启压力时，压缩空气通过缸 B、C 的有杆腔气路进入阀 2 的气控口使其阀芯换向，垂直气缸 A 开始缩回松开工件。

当缸 A 离开 SQ1 位置时，行程阀 5 复位，气动延时阀 3 控制口高压信号消失，其阀芯复位。气缸 A 缩回到头，缸 A 有杆腔管路压力上升到单向顺序阀 6 开启压力，双气控主阀芯 1 左侧控制口有高压气流信号进入，双气控主阀芯 1 阀芯换向左侧位。缸 A 缩回的速度是由单向节流阀 9 进行排气路调节的。

(5) 机床夹紧系统气动回路工作流程如图 7-2 所示。

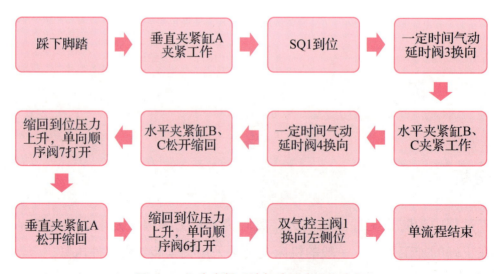

图 7-2　机床夹紧系统气动回路工作流程

任务准备

机床夹紧系统气动回路所需元器件，如表 7-1 所示。

表 7-1　机床夹紧系统气动回路所需元器件

元器件名称	数量	元器件名称	数量
气源二联件	1	双气控二位四通阀	1
单向节流阀	2	气动延时阀	2
单向顺序阀	2	脚踏式二位四通阀	1
可调双作用气缸	3	行程阀	1

实施步骤

（1）根据图 7-1 与图 7-2 选择正确的气动元器件。

（2）将单向顺序阀 6、7 接气源，调节它们的开启压力为 0.4 MPa。

（3）将气动延时阀 3、4 接气源，调节它们的换向时间分别为 2 s、5 s。

（4）根据如图 7-1 所示的机床夹紧系统气动回路，对气动元器件在实训台上进行合理的布局。

（5）正确利用气管连接气动元器件，搭建气动回路。

（6）检查无误后，为气动回路通气源打开气源二联件并将压力调至 0.5 MPa。

（7）按下脚踏式换向阀调节单向节流阀 8 调节缸 A 慢速伸出。

（8）调节行程阀 5 的位置，缸 A 伸出到位后使其正好换向，观察 2 s 后缸 B、C 是否伸出。

（9）控制气动延时阀 4 换向使缸 B、C 缩回，缩回到位后观察缸 A 是否缩回并调节单向节流阀 9 使其中速缩回。

（10）缸 A 缩回到位后，观察阀 1 是否换向左位。

（11）调节完成后，按下脚踏式换向阀 2 完成整个工作流程，填写任务记录表 7-2，做好任务记录。

表 7-2　任务记录表

	任务事项	完成情况	备注
气动回路搭建	气动元器件布局合理		
	气动回路连接正确		
	气管接头平整		

续表

任务事项		完成情况	备注
气动回路搭建	单向节流阀接口正确		
	气动延时阀连接正确		
	单向顺序阀连接正确		
	换向阀与气缸连接正确		
回路控制	输出压力达到要求		
	气动延时阀 3 延时 2 s		
	气动延时阀 4 延时 5 s		
	单向顺序阀压力 0.4 MPa		
	缸 A 伸出慢速		
	缸 A 缩回中速		
	换向阀动作正确		
	缸 A、B、C 动作完成		
	任务实施问题记录		

任务评价

任务评价表如表 7-3 所示。

表 7-3 任务评价表

项目	要求	分数	得分	评价反馈与建议
过程性实施情况	工具使用规范	5		
	元器件选择安装正确	5		
	气动回路连接正确	15		
结果完成情况	压力输出正确	5		
	单向节流阀调速正确	10		
	气动延时阀时间正确	10		
	单向顺序阀压力正确	10		
	工作流程完成	20		
素质培养	自主解决问题能力	5		
	团结协作能力	5		
	工作态度	5		

续表

项目	要求	分数	得分	评价反馈与建议
文明规范	行为、着装文明	5		
最终得分				
总结反思				

任务作业

利用气动减压阀、电磁阀等气动元器件设计一款简单的气动夹紧回路，要求绘制出气动系统回路与电气控制回路。

任务二　H400型加工中心气动换刀系统

任务布置

如图7-3所示为H400型加工中心气动换刀系统回路，本任务要求学生能够独立完成搭建与调试基于此图的气动回路并进行电气控制回路连接，实现完整的电气控制流程。

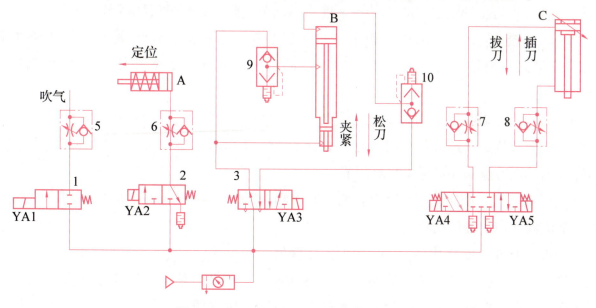

图7-3　H400型加工中心气动换刀系统回路

任务分析

气动换刀系统是加工中心的主要组成部分,在换刀过程中实现定位、松刀、拔刀、向锥孔吹气和插刀等动作。

一、H400型加工中心气动换刀系统

如图7-3所示,气缸A为单作用气缸用于主轴定位,气缸B为气液增压缸用于刀架的松开夹紧,气缸C为双作用气缸用于刀具的插拔。

1. H400型加工中心气动换刀系统工作流程

如图7-4所示,气动换刀系统工作流程:当加工中心接收到换刀指令时,机床主轴停止旋转并自动定位于换刀位置后主轴刀杆松开前面使用的刀具,拔刀机械手拔出刀具。拔出刀具后,起动吹气程序对刀具安装孔口进行吹气冷却并清洁,停止吹气。吹气完成

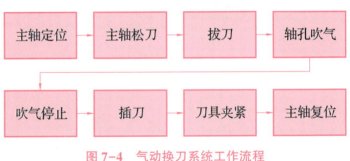

图7-4 气动换刀系统工作流程

后,换刀机械手取出新刀具将其插入刀架安装孔中,增压缸加压夹紧刀具后,主轴复位到加工位置继续进行切削加工。

2. H400型加工中心气动换刀系统回路分析

参照图7-3,H400型加工中心气动换刀系统回路分析:

(1) 主轴定位:主轴旋转停止后,电磁线圈YA2得电,二位三通换向阀阀芯换向,单作用气缸A伸出进行主轴定位,缸A伸出速度由单向节流阀6进行进气路调节。

(2) 主轴松刀:电磁线圈YA3得电,二位五通换向阀阀芯换向,气源高压气体经过快速排气阀10进入气液增压缸B的上腔,增压器的高压油液推动活塞杆伸出,主轴刀杆刀具松开。

(3) 拔刀:主轴松刀的同时,电磁线圈YA4得电,三位五通换向阀阀芯左移,气源高压气体经过单向节流阀7进入双作用气缸C的无杆腔,活塞杆向下移动,实现拔刀动作。缸C拔刀速度由单向节流阀8进行排气路调节。

(4) 轴孔吹气:回转刀库交换刀具的同时YA1得电,高压气体经电磁换向阀1的左位流入单向节流阀5向主轴锥孔吹气。

(5) 吹气停止:吹气片刻,YA1失电停止吹气。

(6) 插刀:YA4断电、YA5得电,三位五通换向阀阀芯右移,气源高压气体经过单向节流阀8进入双作用气缸C的有杆腔,活塞杆向上移动,实现插刀工作。缸C插刀速度由单向

节流阀 7 进行排气路调节。

（7）主轴刀具夹紧：电磁线圈 YA3 失电，二位五通换向阀阀芯复位，气源高压气体经过快速排气阀 9 进入气液增压缸 B 的下腔，活塞退回，主轴刀杆刀具夹紧。

（8）主轴复位：电磁线圈 YA2 失电，二位三通换向阀阀芯复位，单作用气缸 A 在弹簧力作用下复位，回复到初始位置。

3. H400 型加工中心气动换刀系统电气控制回路

如图 7-5 所示为 H400 型加工中心气动换刀系统电气控制回路，SB1、SB2、SB3 为手动复位按钮，SB4、SB5、SB6 为自动复位按钮，KA1、KA2 为中间继电器，YA1、YA2、YA3、YA4、YA5 分别为电磁换向阀的电磁线圈。

换刀系统输入、输出分配如表 7-4 所示。

表 7-4　换刀系统输入、输出分配

输入端		
器件符号	器件名称	器件作用
SB1	手动复位按钮开关	轴孔吹气控制
SB2	手动复位按钮开关	主轴定位控制
SB3	手动复位按钮开关	主轴夹具松开夹紧控制
SB4	自动复位按钮开关	拔刀控制
SB5	自动复位按钮开关	插刀控制
SB6	自动复位按钮开关	插拔刀停止
输出端		
YA1	阀 1 电磁线圈	得电轴孔吹气
YA2	阀 2 电磁线圈	得电主轴定位
YA3	阀 3 电磁线圈	得电主轴松刀
YA4	阀 3 电磁线圈	得电拔刀工作
YA5	阀 4 电磁线圈	得电插刀工作
KA1	中间继电器	提供辅助触点控制 YA4
KA2	中间继电器	提供辅助触点控制 YA5

如图 7-5 所示，H400 型加工中心气动换刀系统电气控制回路控制如下：

（1）按下按钮 SB1 使其常开触点闭合，电磁线圈 YA1 得电，实现轴孔吹气操作；再次按下按钮 SB1 使其常开触点打开，电磁线圈 YA1 失电，轴孔吹气操作关闭。

（2）按下按钮 SB2 使其常开触点闭合，电磁线圈 YA2 得电，实现主轴定位；再次按下按钮 SB2 使其常开触点打开，主轴复位。

（3）按下按钮 SB3 使其常开触点闭合，电磁线圈 YA3 得电，实现主轴松刀；再次按下按钮 SB3 使其常开触点打开，电磁线圈 YA3 失电，主轴刀具夹紧。

（4）按下按钮 SB4，中间继电器 KA1 得电自锁导致电磁线圈 YA4 得电，实现拔刀操作。

（5）按下按钮 SB5，中间继电器 KA2 得电自锁导致电磁线圈 YA5 得电，实现插刀操作。

（6）按下按钮 SB6，中间继电器 KA1、KA2 失电，电磁换向阀 4 处于中位。

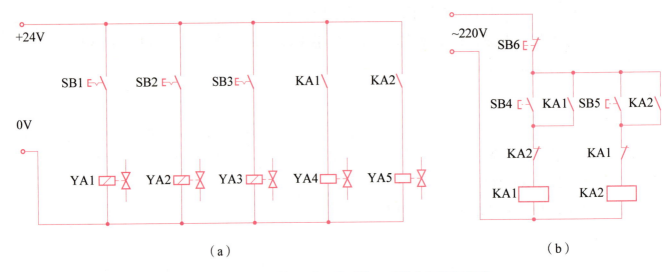

（a）　　　　　　　　　　　　　　　（b）

图 7-5　H400 型加工中心气动换刀系统电气控制回路

任务准备

（1）搭建 H400 型加工中心气动换刀系统回路所需元器件，如表 7-5 所示。

表 7-5　搭建 H400 型加工中心气动换刀系统回路所需元器件

元器件名称	数量	元器件名称	数量
气源二联件	1	二位二通电磁阀	1
单向节流阀	4	二位三通电磁阀	1
单作用气缸	1	二位五通电磁阀	1
可调双作用气缸	1	三位五通电磁阀	1
气液增压缸	1	快速排气阀	2

（2）搭建吸吊机真空系统电气控制回路所需元器件，如表 7-6 所示。

表 7-6　搭建吸吊机真空系统电气控制回路所需元器件

元器件名称	数量	元器件名称	数量
手动复位按钮开关	3	24 V 直流电源	1
自动复位按钮开关	3	220 V 交流电源	1
中间继电器	2		

实施步骤

（1）根据图 7-3 与图 7-5 选择正确的气动元器件与电气元器件。

（2）根据如图7-3所示的H400型加工中心气动换刀系统回路，对气动元器件在实训台上进行合理的布局。

（3）正确利用气管连接气动元器件，搭建气动回路。

（4）检查无误后，为气动回路通气源打开气源二联件并将压力调至0.5 MPa。

（5）根据如图7-5所示的H400型加工中心气动换刀系统电气控制回路，将电气元器件在实训台上利用导线进行正确的电路连接，搭建电气控制回路。

（6）操作按钮SB1使电磁线圈YA1得电，观察气管是否吹气。

（7）按下按钮SB2使按钮常开触点闭合，电磁线圈YA2得电，观察缸A伸出的同时调节单向节流阀使其缓慢伸出。

（8）再次按下按钮SB2使按钮常开触点断开，电磁线圈YA2失电，观察缸A是否自动缩回。

（9）按下按钮SB3使按钮常开触点闭合，电磁线圈YA3得电，观察缸B是否伸出，再次按下按钮SB3使按钮常开触点断开，电磁线圈YA3失电，观察缸B是否自动缩回。

（10）按下按钮SB4使中间继电器KA1、电磁线圈YA4得电，观察缸C伸出的同时调节单向节流阀8使其缓慢伸出。

（11）按下按钮SB6使电磁线圈YA4失电，观察缸C是否锁紧停止。

（12）按下按钮SB5使中间继电器KA2、电磁线圈YA5得电，观察缸C缩回的同时调节单向节流阀7使其缓慢缩回。

（13）再次按下按钮SB6使电磁线圈YA4失电，观察缸C是否锁紧停止。

（14）调节完成后，按照整个工作流程完成操作，填写任务记录表7-7，做好任务记录。

表7-7 任务记录表

任务事项		完成情况	备注
气动回路搭建	气动元器件布局合理		
	气动回路连接正确		
	气管接头平整		
	单向节流阀接口正确		
	快速排气阀连接正确		
	电磁换向阀与气缸连接正确		
电气回路搭建	电源接线正确		
	电磁线圈接线正确		
	中间继电器接线正确		
	开关按钮接线正确		

续表

任务事项		完成情况	备注
回路控制	输出压力达到要求		
	缸 A 慢速伸出		
	缸 A 自主缩回		
	缸 B 动作正确		
	缸 C 慢速伸出		
	缸 C 慢速缩回		
	缸 C 锁紧停止		
	任务实施问题记录		

任务评价

任务评价表如表 7-8 所示。

表 7-8 任务评价表

项目	要求	分数	得分	评价反馈与建议
过程性实施情况	工具使用规范	5		
	元器件选择安装正确	5		
	气动回路连接正确	10		
结果完成情况	压力输出正确	5		
	单向节流阀调速正确	5		
	主轴定位、复位	10		
	轴孔吹气	5		
	插刀、拔刀	10		
	刀具夹紧、松开	10		
	工作流程完成	15		
素质培养	自主解决问题能力	5		
	团结协作能力	5		
	工作态度	5		
文明规范	行为、着装文明	5		
最终得分				
总结反思				

任务作业

填写如表7-9所示的工作流程中电磁线圈的状态（得电"+"，失电"-"）。

表7-9　工作流程中电磁线圈的状态

项目	吹气	插刀	拔刀	主轴定位	刀具松开	刀具夹紧
YA1						
YA2						
YA3						
YA4						
YA5						

知识拓展

消声器及应用

在气动系统中，压缩空气经常经过换向阀的排气口排入大气。如果排气口排出气体的压力较高导致排气速度接近声速，高压气体排出后体积会急剧膨胀，引起气体振动，便会产生强烈的排气噪声。噪声的强弱与排气速度、排气量和排气通道的形状有关。

气动消声器是用于降低进气或排气噪声的装置，其外形与图形符号如图7-6所示。在气动系统中，排气噪声一般可达80~100 dB。这种噪声使工作环境恶化，使人体健康受到损害，工作效率降低。所以一般车间内噪声高于75 dB时，都应采取消声措施，安装消声器是消除空气动力性噪声的重要措施。

(a)　　　　　　　　　　(b)

图7-6　消声器外形与图形符号
（a）实物外形；（b）图形符号

一、消声器的种类

消声器种类很多，按照消声机理可以把它分为六种主要的类型，即阻性消声器、抗性消声器、阻抗复合消声器、微穿孔板消声器、小孔消声器和有源消声器。

1. 阻性消声器（吸收型）

阻性消声器是生产利用声波在多孔性吸声材料或吸声结构中传播，因摩擦将声能转化为热能而散发掉，使沿管道传播的噪声随距离而衰减，从而达到消声目的的消声器。阻性消声器对中高频消声效果好，对低频消声效果较差。

2. 抗性消声器（膨胀干涉型）

抗性消声器是一种将声波反射，回到声源的消声器，生产通过管道截面的突变处或旁接共振腔等在声传播过程中引起阻抗的改变而产生声能的反射、干涉，从而降低由消声器向外辐射的声能，以达到消声目的。

抗性消声器主要适于降低低频及中低频段的噪声，用于空气压缩机的进气和排气口。抗性消声器的最大优点是不需使用多孔吸声材料，因此在耐高温、抗潮湿、对流速较大、洁净要求较高的条件均比阻性消声器好。

3. 阻抗复合消声器（膨胀干涉吸收型）

阻抗复合消声器是将阻性消声器和抗性消声器的消声原理通过适当结构组合而成，兼有两者的消声特性，可实现全频率段降噪。由于结构复杂、质量大、高温氧化吸声填料、高速气流冲击吸声填料、水气渗透吸声填料等原因，消声器很容易出现维修频繁、消声效果差、使用周期短等情况。

4. 微穿孔板消声器

微穿孔板消声器不使用任何阻性吸声填料，采用微穿小孔多空腔结构，一般是用厚度小于 1 mm 的纯金属薄板制作，在薄板上用孔径小于 1 mm 的钻头穿孔，穿孔率为 1%～5%。高压气流在消声器内经多次控流进入空腔体，逐级改变原气流的声频。选择不同的穿孔率和板厚不同的腔深，就可以控制消声器的频谱性能，使其在需要的频率范围内获得良好的消声效果。

微穿孔板消声器具有阻力损失小，消声频带宽，工作时不起尘，不怕油雾、水气，耐高温、耐高速气流冲击的特点。微穿孔板式消声器广泛用于石油、化工、冶金、纺织等行业。

5. 小孔消声器

小孔消声器的结构是一根末端封闭的直管，管壁上钻有很多小孔。小孔消声器的原理是以喷气噪声的频谱为依据的，如果保持喷口的总面积不变而用很多小喷口来代替，当气流经过小孔时，喷气噪声的频谱就会移向高频或超高频，使频谱中的可听声成分明显降低，从而减少对人的干扰和伤害。

6. 有源消声器

有源消声器是利用电子设备再产生一个与原来的声压大小相等、相位相反的声波，使其在一定范围内与原来的声场相抵消。这种消声器是一套仪器装置，主要由传声器、放大器、相移装置、功率放大器和扬声器等组成。

二、消声器性能指标因素

衡量消声器的好坏，主要考虑以下三个方面性能：

（1）消声器的消声性能：主要包括消声量和频谱特性两个因素。

（2）消声器的空气动力性能：主要包括压力损失等因素。

（3）消声器的结构性能：主要包括尺寸、价格、寿命等因素。

三、气动系统的消声措施及应用

1. 安装在压缩机吸入端

对于小型压缩机，可以装入能换气的防声箱内，有明显的降低噪声作用。一般防声箱用薄钢板制成，内壁涂敷阻尼层，再贴上纤维、地毯之类的吸声材料。现在的螺杆式压缩机、滑片式压缩机的外形都制成箱形，不但外形设计美观，而且有消声作用。

2. 安装在压缩机输出端

压缩机输出的压缩空气未经处理前有大量的水分、油雾、灰尘等，若直接将消声器安装在压缩机的输出口，对消声器的工作是不利的。消声器的安装位置应在气罐之前，即按照压缩机、后冷却器、冷凝水分离器、消声器、气罐的次序安装。对气罐的噪声采用隔声材料遮蔽起来的办法也是经济的。

3. 安装在气动阀排气口

气动系统中，压缩空气常经过气动阀的排气口向大气排气。由于气动阀内的气道复杂而且经常通流截面会十分狭窄，高压气体以近声速的流速从排气口排出，在进入大气过程中，空气急剧膨胀且压力变化产生高频噪声，声音十分刺耳，此时在阀的排气口安装消声器来降低排气噪声。

4. 采用集中排气法消声

气动系统中，把各排气口相连将排出的气体引导到总排气管，总排气管的出口可设在室外或地沟内，使工作环境里没有噪声。需注意总排气管的内径应足够大，以免产生不必要的节流损失。

项目八

典型气动系统回路

项目描述

本项目以公共汽车门气动系统、钻床自动化流水线气动系统作为典型气动系统案例,介绍这些典型气动系统案例的系统组成、工作原理。通过本项目的学习,要求学生能读懂这些典型气动系统的回路原理图,学会分析它们的工作过程、运行原理以及系统中气动元器件的顺序动作,强化学生搜集资料信息与分析问题能力,达到学生对现代生产生活中气动系统应用的更深层理解。

项目目标

知识目标

(1) 了解公共汽车门、钻床自动化流水线气动系统的结构组成与工作流程。
(2) 掌握公共汽车门、钻床自动化流水线气动系统的工作原理与图形符号。
(3) 学习典型气动回路系统的分析方法。
(4) 学会设计典型气动回路系统的思路与画法。
(5) 学习相关气动回路资料搜集方法。

技能目标

(1) 会分析公共汽车门气动系统的工作原理与流程。
(2) 会分析钻床自动化流水线气动系统的工作原理与流程。
(3) 会分析钻床自动化流水线气动系统的控制阀动作顺序。
(4) 能够熟练搜集典型气动系统回路相关知识信息。
(5) 能够设计改进钻床自动化流水线气动系统的电气控制回路。

素养目标

(1) 培养学生查阅搜集资料,勤于思考的能力。

（2）培养学生集体荣誉意识、团队相互协作的能力。

（3）培养学生分析问题、处理问题和解决问题的能力。

（4）培养学生对于任务的责任心和勇于担当的精神。

任务一　公共汽车门气动系统

任务布置

本任务以常见的气控公共汽车车门为典型案例，要求学生根据所给的公共汽车门气动系统回路原理图，搜索资料，对公共汽车门的工作流程进行分析并回答问题。

任务分析

现在城市公交里面最常见的门是内摆门，内摆门的一般结构为气缸加连杆与滑块机构。

一、公共汽车门的机构分析

如图8-1（a）所示，公共汽车门的机构为曲柄滑块机构，曲柄滑块机构是通过曲柄和滑块来实现转动和移动相互转换的平面连杆机构，包括5个构件，1、5为机架，2、3为杆件，4为滑块。

（1）将图8-1（a）与图8-1（b）相对照，图8-1（a）中的1和5作为机架安装在车体上，柱子、柱子扣、连杆组成的整体为杆件2，车门相当于杆件3。

（2）气缸与机械机构连接形成转动副，连杆与门连接形成转动副，门与滑块连接形成转动副。

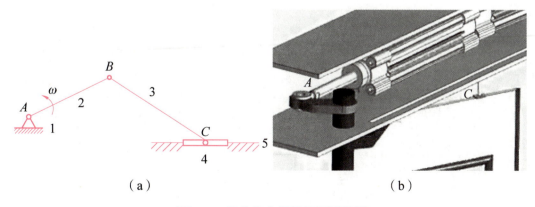

图8-1　公共汽车门结构原理简图

二、公共汽车门的开关门工作原理

参照图 8-1，两边的竖杆带动门的中间部分做圆周运动，门的最前端平滑运动。有的车为了防止转动轴伤人，在这个轴上套了个外壳，但观察门的上下两端，就可以发现有跟杆连接着两边的轴和门的中间部分。

（1）开门时，气缸通过转动副使杆件 2 逆时针转动。

（2）杆件 2 逆时针转动通过转动副及杆件 3（门）带动滑块向两侧滑动，在轨道与滑块的作用下门打开。

（3）关门过程与开门过程相反。

三、公共汽车门的工作要求

一般公共汽车门工作时要求：司机和售票员都可以利用气动开关进行车门的开启与关闭控制，并且当车门在关闭过程中遇到障碍物时，能使车门自动开启，起到安全保护作用。

四、公共汽车门气动系统工作原理

如图 8-2 所示，车门的开关靠气缸 12 来实现，气缸由双气控电磁阀 8 进行控制，而双气控电磁阀又由手动换向阀 1，2，3，4 来操纵换向，气缸运动速度的快慢由单向节流阀 9 和 10 来控制调节。阀 1 或阀 2 使车门开启，通过阀 3 或阀 4 使车门关闭。起安全作用的机动行程阀

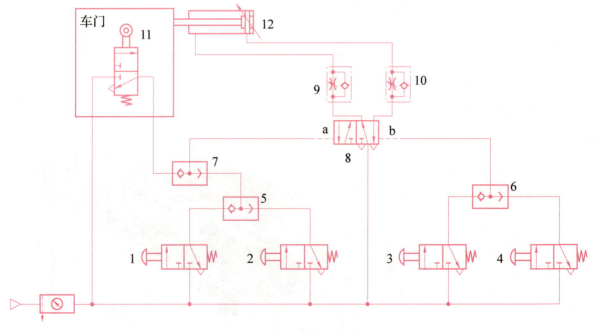

图 8-2　公共汽车门气动系统回路

11 与车门刚性连接，安装在车门上。

任务准备

（1）准备公共汽车内摆门机械结构与工作原理资料。
（2）绘制出公共汽车门气动系统回路图 8-2。

任务实施

（1）根据绘制的气动系统回路图 8-2，分析工作流程并填空。

流程 1：车门开启

当操纵手动换向阀 1 或阀 2 时，气源压缩空气经过阀 1 或阀 2 到达或门梭阀_____从而给阀_____左侧 a 施加控制信号使其阀芯左移，向车门开启方向切换。气源压缩空气经阀_____和阀_____到气缸的有杆腔，使车门开启。在车门打开过程中，阀_____控制车门的开启速度，采用_____路调速控制。

流程 2：车门关闭

当操纵手动换向阀 3 或阀 4 时，气源压缩空气经过阀 3 或阀 4 到达或门梭阀_____从而给阀_____右侧 b 施加控制信号使其阀芯右移，向车门关闭方向切换。气源压缩空气经阀_____和阀_____到气缸的无杆腔，使车门关闭。在车门关闭过程中，阀_____控制车门的关闭速度，采用_____路调速控制。

流程 3：安全保护

车门在关闭的过程中如碰到障碍物，便推动机动阀_____，此时气源压缩空气经阀_____把控制信号通过阀_____送到阀_____的左侧 a，使阀_____向车门开启方向切换。

注意：手动换向阀与机动行程阀都只需点动控制。关门时，如果阀 3 或阀 4 被持续按下且一直保持在压状态，则阀 11 起不到自动开启车门的安全作用。

（2）根据图 8-2，分析气动控制阀动作信号，并填写表 8-1 的空缺部分（"+"表示有信号，"-"表示无信号）。

表 8-1 气动控制阀动作信号分析

工作流程	信号源	手动换向阀					机动行程阀
		1	2	3	4	8	11
开门	按下阀 1/2	+（-）	-（+）				-
关门	按下阀 3/4			+（-）	-（+）		
遇障	机动行程阀 11					a（+）	

任务评价

任务评价表如表 8-2 所示。

表 8-2 任务评价表

项目	要求	分数	得分	评价反馈与建议
流程分析	流程1完成	20		
	流程2完成	20		
	流程3完成	20		
信号分析	开门信号分析完成	10		
	关门信号分析完成	10		
	遇障信号分析完成	10		
素质培养	自主解决问题能力	5		
	团结协作能力	5		
最终得分				
总结反思				

任务作业

小组协作，从网上查找资料，画出一款利用手动换向阀控制的汽车车门气动系统回路。

任务二　钻床自动化流水线气动系统

任务布置

本任务以钻床自动化流水线为典型案例，要求学生根据所给的钻床自动化气动系统回路原理图结合图 8-3 对钻床自动化流水线工作流程进行分析并回答问题。

项目八 典型气动系统回路

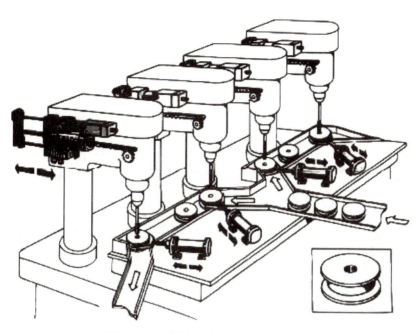

图 8-3 机械加工钻床自动化流水线

任务分析

如图 8-3 所示的机械加工钻床自动化流水线中通过自动钻床加工零件,流水线主要加工设备为四台自动钻床,其中两台机床完成钻孔,两台机床完成攻丝,加工时先在零件的中心位置钻孔然后攻螺纹。

零件加工时,由夹紧气缸将零件定位夹紧,然后由自动进给气缸通过齿轮齿条机构实现钻头前进后退。在攻丝前进时,电机正转,攻丝后退时,电机反转。当加工孔较深时,通过控制自动进给气缸多段进退将铁屑排出。

如图 8-4 所示,钻床自动化流水线气动系统动作由 A、B 两个气缸完成,气缸 A 实现钻头进给工作,气缸 B 实现零件夹紧工作。工作流程为:按下起动按钮 SB1,夹紧气缸 B 前进,将工件夹紧,然后气缸 A 带动钻头进给,当钻头至行程位置 a2 时,气缸 A 退回至位置 a1 排除铁屑,然后继续进给至位置 a3,再退回至位置 a1 排除铁屑,最后进给至位置 a4 后退回至初始位置 a0 完成钻孔,气缸 B 退回松开工件。

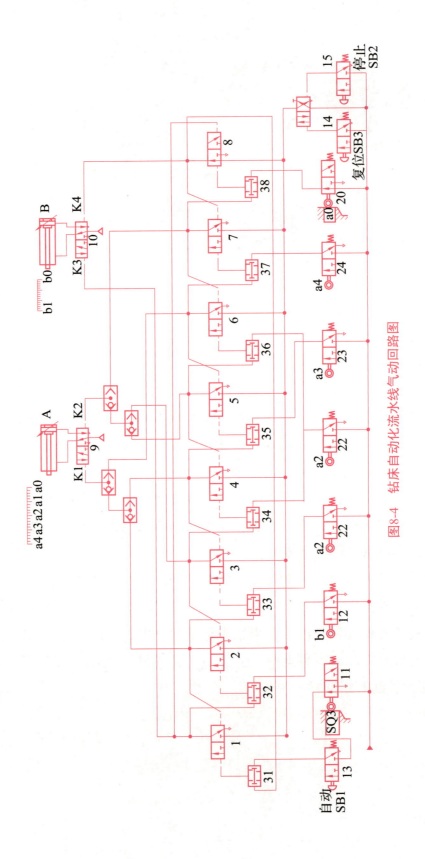

图8-4 钻床自动化流水线气动回路图

如图 8-5 所示，钻床自动化流水线工作流程如下：

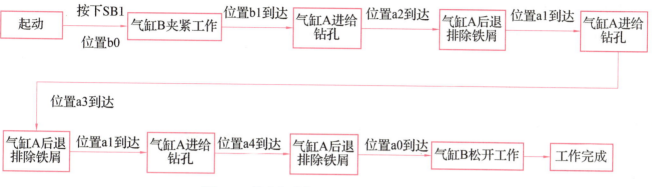

图 8-5　钻床自动化流水线工作流程示意图

任务准备

（1）打印出钻床自动化流水线气动回路图 8-4。
（2）绘制出钻床自动化流水线工作流程示意图 8-5。

任务实施

一、根据图 8-4 与 8-5 所示分析工作流程并填空

1. 气缸 B 夹紧工作

当按下起动按钮 SB1 时，工件处于位置 b0 处，行程阀_____处于换向位，高压气体经过双压阀_____给双气控三通阀_____左侧位施加控制信号导致其阀芯换向左位，压缩空气进入双气控二位五通阀 10 的控制口_____，气缸 B 伸出到位置 b1 处，开始夹紧工件。

2. 气缸 A 钻孔工作

（1）当按下起动按钮 SB1，气缸 B 伸出到位置 b1 处夹紧工件，行程阀_____换向，高压气体经过双压阀_____给双气控三通阀_____左侧位施加控制信号导致其阀芯换向左位，压缩空气进入双气控二位五通阀 9 的控制口_____，气缸 A 伸出开始钻孔工作。

（2）到达位置 a2 处，高压气体经过双压阀_____给双气控三通阀_____左侧位施加控制信号导致其阀芯换向左位，压缩空气进入双气控二位五通阀 9 的控制口_____，气缸 A 缩回开始排除铁屑。

（3）到达位置 a1 处，高压气体经过双压阀_____给双气控三通阀_____左侧位施加控制信号导致其阀芯换向左位，压缩空气进入双气控二位五通阀 9 的控制口_____，气缸 A 伸出开始钻孔工作。

（4）到达位置 a3 处，高压气体经过双压阀_____给双气控三通阀_____左侧位施加

控制信号导致其阀芯换向左位，压缩空气进入双气控二位五通阀 9 的控制口_____，气缸 A 缩回开始排除铁屑。

（5）再到达位置 a1 处，高压气体经过双压阀_____给双气控三通阀_____左侧位施加控制信号导致其阀芯换向左位，压缩空气进入双气控二位五通阀 9 的控制口_____，气缸 A 伸出开始钻孔工作。

（6）到达位置 a4 处，高压气体经过双压阀_____给双气控三通阀_____左侧位施加控制信号导致其阀芯换向左位，压缩空气进入双气控二位五通阀 9 的控制口_____，气缸 A 缩回开始排除铁屑。

3. 气缸 B 松开，工作完成

到达位置 a0 处，行程阀_____处于换向位，高压气体经过双压阀_____给双气控三通阀_____左侧位施加控制信号导致其阀芯换向左位，压缩空气进入双气控二位五通阀 10 的控制口_____，气缸 B 缩回松开工件。

二、简答分析：停止、复位的工作原理与相关阀的动作顺序流程

（1）写出按下停止按钮 SB2 时，气路中相关阀的动作顺序与工作流程。

（2）写出按下复位按钮 SB3 时，气路中相关阀的动作顺序与工作流程。

任务评价

任务评价表如表 8-3 所示。

表 8-3　任务评价表

项目	要求	分数	得分	评价反馈与建议
流程分析	流程 1 完成	10		
	流程 2 完成	30		
	流程 3 完成	10		

续表

项目	要求	分数	得分	评价反馈与建议
简答分析	停止顺序动作分析	20		
	复位顺序动作分析	20		
素质培养	自主解决问题能力	5		
	团结协作能力	5		
最终得分				
总结反思				

任务作业

回路设计：网上查找资料，小组共同讨论协作研究，将图8-4所示回路，从纯气动控制的钻床自动化流水线系统变成电磁换向阀控制的气动系统回路，并画出系统原理图。

项目九

气动系统故障分析与维护

🔧 项目描述

问题是时代的声音,回答并指导解决问题是理论的根本任务。本项目引入饮料灌装气动系统、气-液动力滑台气动系统作为案例,介绍了这些典型气动系统的结构组成、工作原理、常见的系统故障以及维护措施。通过本项目的学习,要求学生能够掌握这些典型气动系统的生产工作流程和气动回路原理,通过气动原理图的分析,诊断这些气动系统常见故障产生的现象与原因、造成的结果以及应该采取的维护与排故措施。

🔧 项目目标

知识目标

(1) 了解饮料灌装气动系统与气-液动力滑台气动系统的结构组成与工作流程。
(2) 掌握饮料灌装气动系统、气-液动力滑台气动系统的工作原理与图形符号。
(3) 了解气动系统的故障类型及诊断方法。
(4) 掌握气动系统的基本维护措施与保养方法。
(5) 学会气动回路系统的组装方法,气缸、气管的安装要点。

技能目标

(1) 会分析饮料灌装气动系统、气-液动力滑台气动系统的工作原理与流程。
(2) 会分析饮料灌装气动系统、气-液动力滑台气动系统的常见故障原因。
(3) 能够对常见的气动系统回路故障现象进行排除。
(4) 能够正确组装调试一般的气动系统回路。
(5) 能够对一般的气动系统回路进行合理地使用操作与维护。

素养目标

(1) 培养学生查阅搜集资料、勤于思考的能力。

（2）培养学生集体荣誉意识、团队相互协作的能力。
（3）培养学生分析问题、处理问题和解决问题的能力。
（4）培养学生对任务的责任心和勇于担当的精神。

任务一　饮料灌装气动系统故障分析与维护

任务布置

本任务通过饮料灌装气动系统的工作原理学习，要求学生能够正确分析和判断饮料灌装气动系统常见的故障现象和产生的原因，并能够采取必要的措施排除故障，能够规范掌握饮料灌装气动系统的日常维护保养。

任务分析

一、饮料灌装气动系统的工作流程

如图 9-1 所示，饮料灌装机的工作流程与要求：推料缸 A 与灌装缸 B 分别处于初始位置 SQ1、SQ3。按下起动按钮，推料缸 A 延时一定时间伸出将容器推到灌装位置 SQ2，随后灌装缸 B 开始伸出进行饮料灌装，伸出到位置 SQ4 后延时一段时间，灌装缸 B 自动缩回到初始位置 SQ3，随后推料缸 A 缩回到初始位置 SQ1，持续循环，按下停止按钮结束循环。

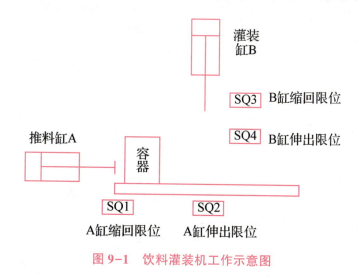

图 9-1　饮料灌装机工作示意图

饮料灌装工作流程如图 9-2 所示。

图 9-2 饮料灌装工作流程

二、饮料灌装气动系统的工作原理分析

饮料灌装气动系统回路图如图 9-3 所示，灌装气动系统工作时有如下特点：

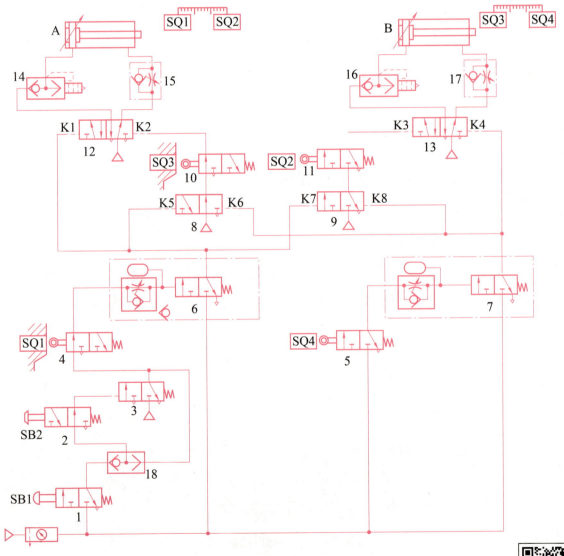

图 9-3 饮料灌装气动系统回路图

饮料灌装气动
系统回路

1. 起动回路自锁

起动回路采用自锁回路设计，由手动按钮控制阀 1、2 以及或门梭阀 18 组成，用来实现系统起动后两个气缸 A、B 的连续往复动作。手动按钮控制阀 1 为起动按钮，手动按钮控制阀 2 为停止按钮。

2. 行程控制

利用 4 个行程阀 4、5、10、11 分别在位置 SQ1、SQ4、SQ3、SQ2 进行行程控制，分别控制主控阀 12 和 13 的换向，确保气缸 A、B 按顺序要求完成动作。

3. 信号消障

气动回路利用两个双气控二位三通阀 8 和 9 分别对主控阀 12 和 13 的主控信号进行信号消障处理。

4. 延时控制

利用两个气动延时阀 6 与 7，分别对气缸 A 和气缸 B 顺序动作的时间进行调节和控制。阀 6 控制气缸 A，因气缸 A 主要用于将容器推入灌装位置，延时时间较短，因而气动延时阀 6 的节流阀开口较大；阀 7 控制气缸 B，因气缸 B 主要用于饮料灌装，灌装时间较长，气动延时阀 7 的节流阀开口较小。在实际生产中，其开口的大小依灌装量需求进行调节，确保饮料灌装完成。

5. 快速运动

利用两个快速排气阀 14 和 16 分别快速排出气缸 A 和 B 无杆非工作腔的空气，实现两气缸的快速退回。

6. 伸出排气路节流调速控制

利用两个单向节流阀 15 和 17，采用排气节流调速的方式，对气缸 A 与 B 的伸出运动速度进行调节。采用排气节流的方式，能产生一定的背压，起到运行平稳和缓冲气流、保护气缸的作用。

三、气动系统故障的诊断分析

随着工厂生产的进行，饮料灌装气动系统与其他气动系统一样可能会出现系统故障。在遇到系统故障时，我们需要根据故障现象作出正确的分析判断，找出故障点并进行排除，使气动系统尽快恢复正常生产工作。

遇到实际系统故障问题时，为了从各种可能的常见故障原因中推理诊断出故障的真实原因加以排除，通常采用绘制故障诊断流程图的方法来确定故障点，从而快速有效地排除故障。故障诊断流程图由一些规定的图形框架和流程线组成，用来分析描述算法的图形框架结构。在故障诊断流程图中，通常采用圆角长方形表示起、止框；平行四边形表示输入、输出框；

长方形表示处理框、执行框，用于赋值、计算；菱形表示判断框，判断成立写是或 Y，判断不成立则写否或 N。故障诊断流程图框图表达方法如表 9-1 所示。

表 9-1 故障诊断流程图框图表达方法

名称	图形表达框	含义
终端起止框		表示故障诊断的起始与结束
输入、输出框		表示气动元器件的动作情况
判断框		表示诊断条件是否成立
处理框		表示故障检查点

举例说明：参考如图 9-3 所示的饮料灌装气动系统回路图，饮料灌装机在工作中出现故障，当按下起动按钮后，饮料灌装气动系统能够正常完成一轮工作生产，但是不能循环工作，画出故障诊断流程图，如图 9-4 所示。

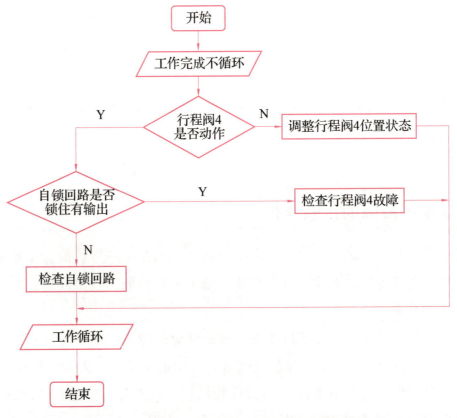

图 9-4 饮料灌装气动系统工作不循环诊断流程图

项目九　气动系统故障分析与维护

任务准备

（1）打印出饮料灌装气动系统回路图 9-3。

（2）查找附件 3，准备气源供压不足等系统故障产生原因与排除的相关资料。

任务实施

一、根据图 9-3 所示，分析系统运行过程中阀的动作顺序并填写空格

1. 起动回路自锁动作

（1）当按下起动按钮 SB1 时，手动阀_____换向，气源压缩空气经过或门梭阀_____左侧进气口进入手动阀_____的初始位为单气控阀_____施加气控信号，单气控阀_____换向。气源经过单气控阀_____分流一部分压缩空气经过或门梭阀_____的右侧进气口持续为单气控阀_____施加气控信号，行程回路的自锁。

（2）当按下停止按钮 SB2 时，手动阀_____换向将手动阀_____的气动控制信号切断，回路停止自锁。

2. 饮料灌装流程动作

（1）当按下起动按钮 SB1 时，压缩空气通过起动自锁回路进入气动延时阀_____控制口，经过一定时间后气动延时阀_____换向，气源压缩空气通过其阀芯分流：

一部分进入双气控主阀_____的控制口_____使其阀芯左移；另有一部分进入双气控阀_____的控制口_____使其阀芯换向切断了行程阀_____的气源从而消除了主阀_____的右侧控制信号，缸 A 开始伸出；还有一部分进入气控阀_____的控制口_____使其阀芯左移换向。

（2）当缸 A 伸出到 SQ2 位置时，行程阀_____换向，压缩空气通过双气控阀_____的左位进入双气控主阀_____的控制口_____使其阀芯左移，缸 B 伸出。

（3）当缸 B 伸出到 SQ4 位置时，行程阀_____换向，气源压缩空气进入气动气动延时阀_____的控制口，经过一定时间后气动延时阀_____换向，压缩空气经过气动延时阀阀芯分流：

一部分进入双气控主阀_____的右侧控制口_____导致其主阀芯换向右移；另有一部分进入双气控阀_____的控制口_____使其阀芯换向，切断了行程阀_____的气源从而消除了主阀_____的左侧控制信号，缸 B 开始缩回；还有一部分进入气控阀_____的控制口_____使其阀芯右移换向。

（4）当缸 B 缩回到 SQ3 位置时，行程阀_____换向，气源压缩空气通过双气控阀

147

_____进入到主阀芯_____的控制口_____导致其换向阀芯右移，缸 A 开始缩回。

（5）当缸 A 缩回到位置 SQ1 时，行程阀_____换向，由于起动回路自锁一直有压缩空气输出，系统循环运行。

二、气动系统故障分析与排除

（1）在系统运行过程中起动回路不能自锁，分析原因，填写故障诊断流程图 9-5。

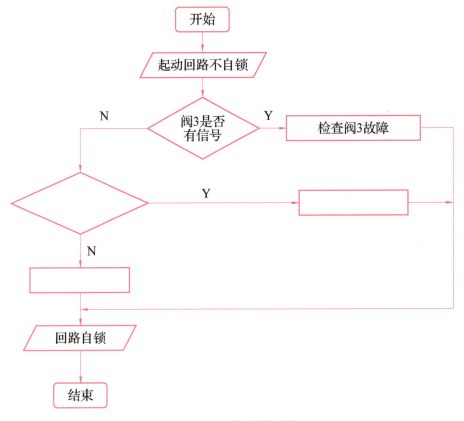

图 9-5　故障诊断流程图

（2）查找附件 3，填写表 9-2。

表 9-2　故障分析与排除

故障现象	故障产生原因	排除措施
系统供压不足		
换向阀 12 不能换向		

任务评价

任务评价表如表 9-3 所示。

表 9-3 任务评价表

项目	要求	分数	得分	评价反馈与建议
动作分析	起动回路自锁	10		
	罐装流程	20		
故障分析与排除	供压不足排障	20		
	换向阀排障	20		
	自锁故障诊断流程图	20		
素质培养	自主解决问题能力	5		
	团结协作能力	5		
最终得分				
总结反思				

任务作业

故障诊断分析：参照图 9-3，按下起动按钮，饮料罐装气动系统的气缸 A 正常伸出工作后，气缸 B 没有伸出，小组讨论分析，画出故障诊断流程图。

知识拓展

气动系统故障与维护

一、气动系统故障类型

气动系统产生故障的原因是多种多样的，有时是某一元件故障引起的，有时则是几方面原因综合反映。气压传动系统的故障一般分为初期故障、突发故障和老化故障三类。

（1）初期故障。在调试阶段和开始运转的两三个月内发生的故障称为初期故障。初期故障产生的原因主要有零件毛刺没有清除干净，装配不合理或误差较大，零件制造误差或设计不当。

（2）突发故障。系统在稳定运行期间突然发生的故障称为突发故障。例如，控制阀突然失灵不动作，油杯、水杯或软管等突然破裂，电磁线圈突然烧毁，突然停电造成回路误动作等。

有些突发故障是有先兆的，如排出的空气中出现杂质和水分，表明过滤器失败，应及时查明原因，予以排除，不要酿成突发故障。但有些突发故障是无法预测的，只能采取安全保护措施加以防范，或准备一些易损备件，以便及时更换失效的元件。

(3) 老化故障。个别或少数元件达到使用寿命后发生的故障称为老化故障。参照系统中各元件的生产日期、开始使用日期、使用的频繁程度以及已经出现的某些征兆，如声音反常、泄漏越来越严重等，可以大致预测老化故障的发生时间。

二、气动系统的故障诊断方法

气动系统的故障诊断方法常用的有经验法和推理分析法。

1. 经验法

经验法指依靠实际经验，并借助简单的仪表诊断故障发生的部位，找出故障原因的方法。

(1) 通过"看"观察诊断。看执行元件的运动速度有无异常变化；各测压点的压力表显示的压力是否符合要求，有无大的波动；冷凝水能否正常排出；换向阀排气口排出的空气是否干净；电磁阀的指示灯显示是否正常；紧固螺钉及管接头有无松动；管道有无扭曲和压扁变形；加工产品质量有无变化等。

(2) 通过"听"与"闻"诊断。气缸及换向阀换向时有无异常声音；听系统未泄压时各处有无漏气声，漏气声音大小及其每天的变化情况；电磁线圈和密封圈有无因过热而产生的特殊气味等。

(3) 通过"接触"诊断。触摸相对运动件外部的手感和温度，电磁线圈处的温升等。还要检查气缸、管道等处有无振动感，气缸有无爬行，各接头处及元件处手感有无漏气等。

经验法简单易行，但由于每个人的感觉、实践经验和判断能力的差异，诊断故障会存在一定的局限性。

2. 推理分析法

推理分析法是利用逻辑推理、步步逼近，寻找出故障真实原因的方法。

(1) 推理步骤。从故障的症状，推理出故障的真实原因，可按下面三步进行：

①从故障的症状推理出故障的本质原因。

②从故障的本质原因推理出故障可能存在的原因。

③从各种可能的常见原因中推理出故障的真实原因。

(2) 推理方法。推理的原则是：由简到繁、由易到难、由表及里逐一进行分析，排除掉不可能的和非主要的故障原因，故障发生前曾调整或更换过的元件先检查，优先检查故障概率高的常见原因。

①仪表分析法。利用检测仪器仪表，如压力表、压差计、电压表、温度计、电秒表及其

他电仪器等，检查系统或元件的技术参数是否合乎要求。

②部分停止法。暂时停止气动系统某部分的工作，观察对故障征兆产生的影响。

③试探反证法。试探性地改变气动系统中的部分工作条件，观察对故障征兆产生的影响。

④比较法。用标准的或合格的元件代替系统中相同的元件，通过工作状况的对比，来判断被更换的元件是否失效。

三、排除故障注意事项

当故障点被确定后，需要进一步进行故障排除工作，排除故障时应注意以下事项：

（1）确保气源已经打开，且供给压力充足。如果是电气控制系统，则检查和测量电磁电路。不要触碰控制阀和限位开关。

（2）检查供气管路，确保没有任何气管变形损坏或破裂。

（3）通过检查气缸已经完成的动作及限位开关的驱动状态，检查已经完成的功能（状态）。

（4）判断主控阀在未实现系统功能时的操作状态，检查主控阀是否能够换位。最简单的检查方法是拔出输出口气管，测试输出口是否有压力输出。

（5）检查接口压力是否正常，如压力过大则一般是由气缸工作过载造成，或有障碍物阻碍了气缸运动。通常情况由于气缸本身失灵造成接口压力不正常的现象很少见。如接口处无压力输出，造成的原因通常是阀处于错误位置，这时可检查气压传动系统中相关的阀是否有信号（压缩空气）输出。

四、气动系统的维护

气动系统如果不注重维护保养，容易发生系统故障或气动元器件过早损坏，影响生产工作，甚至对操作人员造成危害。在对气动装置进行维护保养时，应针对发现的事故苗头及时采取措施，这样可减少和防止故障的发生，延长元件和系统的使用寿命。气动系统维护保养工作的中心任务如下：

（1）保证供给气动系统清洁干燥的压缩空气。

（2）保证气动系统的气密性。

（3）保证使油雾润滑元件得到必要的润滑。

（4）保证气动系统在规定的工作条件下按预定的要求进行工作。

维护工作可以分为经常性维护工作和定期维护工作。维护工作应有记录，以利于以后的故障诊断和处理。

1. 经常性维护工作

经常性维护工作是指每天必须进行的维护工作，主要包括冷凝水排放、检查润滑油和空压机系统的管理等。

（1）冷凝水排放。在工作结束时，应当将气动系统各处的冷凝水排放掉，以防夜间温度低于0℃时导致冷凝水结冰。由于夜间管道内温度下降，会进一步析出冷凝水，故气动装置在每天运转前，也应将冷凝水排出，并要注意查看自动排水器是否工作正常，水杯内不应存水过量。

（2）检查润滑油。在气动装置运转时，应检查油雾器的滴油量是否符合要求，油色是否正常，即油中不要混入灰尘和水分。

（3）气源的管理。检查空气压缩机系统是否向后冷却器供给了冷却水（指水冷式），检查空气压缩机是否有异常声音和异常发热现象，检查润滑油位是否正常。

2. 定期维护工作

定期维护工作是指在每周、每月或每季度对气动系统设备进行的固定维护工作。定期维护主要检查液压油，并根据情况定期更换，对主要液压元件定期进行性能测定。检查润滑管路是否正常，定期更换密封件，清洗、更换滤芯。定期检查的时间一般与过滤器检修间隔时间相同，大约三个月。具体如下：

（1）定期检查气压传动系统的各个部件，确保它们没有磨损、松动或堵塞，并进行必要的清洁和更换。

（2）定期检查气动系统有无泄漏处，通过阀排气口的检查，判断润滑油是否适度，空气中是否有冷凝水。

（3）定期检查安全阀、紧急安全开关动作是否可靠。必须确认它们动作的可靠性，以确保设备和人身安全。

（4）定期检查换向阀的动作是否可靠。根据换向时声音是否异常，判定铁芯和衔铁配合处是否有杂质。检查铁芯是否有磨损，密封件是否老化。

（5）定期检查气缸活塞杆外露部分，判断活塞上的密封是否良好。

（6）定期润滑维护。气压传动系统的各个移动部件需要保持良好的润滑以减少摩擦和磨损。定期检查润滑油或润滑脂的工作状态，并根据需要进行更换和补充。

（7）定期密封检查。密封是气动系统中关键的部分，它们防止气体泄漏，并确保系统的正常工作。定期检查密封件的磨损和老化情况，必要时进行更换。

任务二　气-液动力滑台气动系统故障分析与维护

任务布置

气-液动力滑台采用气-液阻尼缸作为执行元件，在机械设备中用来实现工作滑台的进给运动。本任务通过气-液动力滑台气动系统工作原理的学习，要求学生能够正确分析气-液动力滑台气动系统常见的故障现象以及产生的原因，及时诊断并采取必要的措施排除系统故障，能够掌握气动系统的安装调试技巧。

任务分析

如图9-6所示为气-液动力滑台气动系统回路图。本滑台采用气-液阻尼缸作为执行元件，A为气-液阻尼缸的气缸部分，B为气-液阻尼缸的液压缸部分。

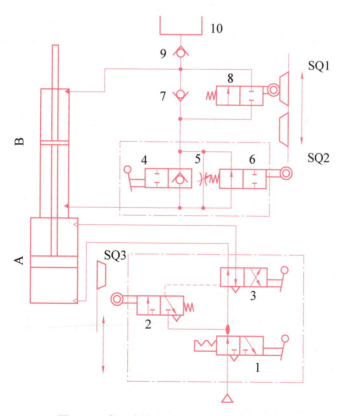

图9-6　气-液动力滑台气动系统回路图

该气-液动力滑台能够完成下面两种工作循环：
（1）快进→工进→快退→停止。

(2) 快进→工进→慢退→快退→停止。

1. 快进

气-液阻尼缸处在缩回初始状态时，SQ3 处位置的挡铁压下行程阀 2 使其换向，控制手动阀 1 使其处于阀芯左位，气源压缩空气经过阀 1、2 使手动阀 3 换向左位，压缩空气通过阀 1、阀 3 进入气-液阻尼缸 A 部分的无杆腔内，A 部分有杆腔内的气体通过阀 3 排出，气-液阻尼缸开始伸出。此时，操作手动阀 4 处于右位，气-液阻尼缸 B 部分的上腔油液经过行程阀 8 的初始位流入阀 4 的右腔进入 B 部分的下腔内，该过程无节流调速，实现快进。

2. 工进

在快进的流程中，如果操作手动阀 4 使其换向阀芯处于左位，气-液阻尼缸 B 部分的上腔油液经过行程阀 8 的初始位流入节流阀 5 进入 B 部分的下腔内，该过程可以进行节流调速，能够实现工进。

在伸出过程中，如果挡铁到达 SQ1 位置，压下行程阀 8 使其换向右移，则缸停止运行。

3. 慢退（反向进给）

手动阀 1 处于左位，控制手动阀 3 换向，气源压缩空气通过阀 1、阀 3 进入气-液阻尼缸 A 部分的有杆腔内，A 部分无杆腔内的气体通过阀 3 排出，气-液阻尼缸开始缩回。此时，在 SQ2 位置处挡铁压下行程阀 6 换向，气-液阻尼缸 B 部分的下腔油液经过节流阀 5 和单向阀 7 进入 B 部分的上腔内，该过程可以进行节流调速，实现慢速退回。

4. 快退

当挡铁离开 SQ2 位置处，行程阀 6 复位，气-液阻尼缸 B 部分的下腔油液经过阀 6 和单向阀 7 进入 B 部分的上腔内，该过程无节流调速，实现快速退回。

当气-液阻尼缸缩回，挡铁移动到 SQ3 位置处压下阀 2 时，阀 3 换向，开始循环工作。在系统运行中，控制手动阀 1 换向右位，系统停止工作。

任务准备

(1) 打印气-液动力滑台气动系统回路图 9-6。
(2) 查找附件 3，准备气缸爬行等故障产生原因与排除方法的相关资料。

任务实施

参考如图 9-6 所示的气-液动力滑台气动系统回路图，根据故障现象进行分析，排除故障。

(1) 搜集查找资料，根据下列现象填写表 9-4~表 9-6。

①故障现象 1：气液阻尼缸内有气泡。

表 9-4　气液阻尼缸内有气泡的故障产生原因及排除措施

故障产生原因	排除措施

②故障现象 2：动力滑台爬行运行。

表 9-5　动力滑台爬行运行的故障产生原因及排除措施

故障产生原因	排除措施

③故障现象 3：手动阀操作费力，换向不易。

表 9-6　手动阀操作费力，换向不易的故障产生原因及排除措施

故障产生原因	排除措施

（2）个人推理分析：参照图 9-6，如果补油器 10 中的油液没有及时补充有可能对气-液动力滑台气动系统造成何种影响和故障？

（3）根据故障现象画出故障诊断流程图：参照图 9-6，如果气-液动力滑台在运行过程中可以实现快进→工进→快退→停止的流程，却不能实现慢速退回，请设计画出故障诊断流程图，给出解决方案。

任务评价

任务评价表如表9-7所示。

表9-7 任务评价表

项目	要求	分数	得分	评价反馈与建议
故障分析与排除	故障现象1	10		
	故障现象2	10		
	故障现象3	10		
	推理分析	20		
小组分析	诊断图设计	20		
	解决方案	15		
素质培养	分析解决问题能力	5		
	信息搜集能力	5		
	团结协作能力	5		
总分				
总结反思				

任务作业

1. 基础作业

参照图9-6，如果气-液动力滑台在运行过程中运动不平稳，请分析故障原因并加以排除。

2. 拓展作业

参照图9-6，如果气-液动力滑台在运行过程中不能实现工进，请设计画出故障诊断流程图。

知识拓展

气动系统的安装与调试

一、气动系统的安装

气动系统是由各气压元件经管道、管接头和油路等有机地连接而成，其安装的正确与否对工作性能有着重要的影响。

1. 安装前的准备和要求

（1）技术资料的准备。气压系统的安装应遵照气压系统工作原理图，系统管道连接图和有关气压元件说明书等技术资料，安装前应对上述资料仔细分析，熟悉其内容与要求。

（2）物质准备。按气压系统图、气压元件清单准备所需元件、辅件，并检查元件质量，校验仪表用具。

2. 气动管道安装

（1）安装前要彻底清理管道内的粉尘及杂物。

（2）管子支架要牢固，工作时不得产生震动。接管时要充分注意密封性，防止漏气，注意其接头处及焊接处。

（3）管路尽量平行布置，减少交叉，力求最短，转弯最少，并考虑到能自由拆装。

（4）安装软管要有一定的弯曲半径，不允许有拧扭现象，且应远离热源或安装隔热板。

3. 气动元器件的安装

（1）应注意阀的推荐安装位置和标明的安装方向。

（2）逻辑元件应按控制回路的需要，将其成组地装在底板上，并在底板上开出气路，用软管接出。

（3）移动缸的中心线与负载作用力的中心线要同心，否则引起侧向力，使密封件加速磨损，活塞杆弯曲。

（4）各种自动控制仪表，自动控制器，压力继电器等，在安装前应进行校验。

二、气动系统的调试

（1）调试前准备。

①要熟悉说明书等有关技术资料，力求全面了解系统的原理、结构、性能和操作方法。

②了解元件在设备上的实际位置，需要调整的元件的操作方法及调节旋钮的旋向。

③准备好调试工具等。

（2）空载时运行一般不少于 2 h，注意观察压力、流量、温度的变化，如发现异常应立即停车检查。待排除故障后才能继续运转。

（3）负载试运转应分段加载，运转一般不少于 4 h，分别测出有关数据，记入试运转记录。

三、气动系统使用的注意事项

（1）开车前后要放掉系统中的冷凝水。

（2）定期给油雾器注油。

（3）开车前检查各调节手柄是否在正确位置，机控阀、行程开关、挡块的位置是否正确、牢固，对导轨、活塞杆等外露部分的配合表面进行擦拭。

（4）随时注意压缩空气的清洁度，对空气过滤器的滤芯要定期清洗。

（5）设备长期不用时，应将各手柄放松，防止弹簧永久变形而影响元件的调节性能。

气压传动综合习题集

本习题采用知识点模块练习,每个知识点 1~3 题为单项选择,4~5 题为判断题,6~7 为多选题。

1. 空气压缩机的功用

1)(　　)是把空气压缩后给相关设备提供动力的装置。

A. 气缸　　　　B. 气动马达　　　C. 空气压缩机　　　D. 气管

2)下列不属于气源三联件的是(　　)。

A. 油雾器　　　B. 减压阀　　　　C. 过滤器　　　　　D. 气泵

3)(　　)主要功用是把空气压缩,并对压缩空气进行处理,向系统供应干净、干燥的压缩空气。

A. 气泵　　　　B. 气缸　　　　　C. 滤清器　　　　　D. 气源装置

4)空气压缩机不仅能够压缩空气并且可以对压缩空气进行除油、除水、干燥、冷却等措施。(　　)

5)储气罐的作用是储存压缩空气消除压力脉动,保证供气的连续性和稳定性。(　　)

6)下列属于气源装置作用的是(　　)。

A. 压缩空气　　B. 除油、除水　　C. 储存空气　　　　D. 消声

7)下列属于气源装置常用元件的是(　　)。

A. 气动马达　　B. 气泵　　　　　C. 三联件　　　　　D. 储气罐

2. 空气压缩机的图形符号

1)下列属于气泵的图形符号的是(　　)。

2)下列属于油雾器图形符号的是(　　)。

3)下列属于空气过滤器的图形符号是(　　)。

159

A. ◇　　　　B. ◇　　　　C. ◇　　　　D. ◇

4）图形符号 ◇ 表示元件过滤器。（　　）

5）图形符号 ◇ 表示元件油水分离器。（　　）

6）下列属于气源三联件图形符号的是（　　）。

A. ◇　　　　B. ▦　　　　C. ◇　　　　D. ◇

7）下列属于油水分离器图形符号的是（　　）。

A. ◇　　　　B. ◇　　　　C. ◇　　　　D. ◇

3. 气缸的分类

1）利用压缩空气通过膜片推动活塞杆做往复直线运动的气缸称为（　　）。

A. 薄膜式气缸　　B. 气-液阻尼缸　　C. 冲击气缸　　D. 柱塞式气缸

2）利用油液的不可压缩性和控制流量来获得活塞平稳运动与调节活塞运动速度的气缸是（　　）。

A. 薄膜式气缸　　B. 气-液阻尼缸　　C. 冲击气缸　　D. 回转式气缸

3）（　　）是体积小、结构简单但能产生相当大的冲击力的一种特殊气缸。

A. 无杆气缸　　B. 气-液阻尼缸　　C. 冲击气缸　　D. 薄膜式气缸

4）串联气缸在一根活塞杆上串联多个活塞，可获得和各活塞有效面积总和成正比的输出力。（　　）

5）可调缓冲气缸设有缓冲装置以使活塞临近行程终点时减速，防止冲击，缓冲效果不可调整。（　　）

6）下列属于单作用气缸的是（　　）。

A. 气-液阻尼缸　　B. 柱塞式气缸　　C. 薄膜式气缸　　D. 双活塞杆气缸

7）下列属于组合气缸的是（　　）。

A. 气-液增压缸　　B. 气-液阻尼缸　　C. 增压缸　　D. 多位气缸

4. 气动马达的作用

1）（　　）是将压缩空气的压力能转换成回转机械能的元件。

A. 气缸　　B. 气泵　　C. 空气压缩机　　D. 气动马达

2）能够调节输出空气流量并能进行正反双向工作的气动马达称为（　　）气动马达。

A. 单向定量　　B. 单向变量　　C. 双向定量　　D. 双向变量

3）气动马达的转速可在（　　）r/min 范围内调节，长时间满载运转时，温升较小。

A. 0~1 000　　B. 0~1 500　　C. 0~2 000　　D. 0~2 500

4）气动马达具有较高的气动力矩，可带负载起动，且起动、停止迅速。（　　）

5）气动马达不具有过载保护功能。（   ）

6）下列属于气动马达工作特点的是（   ）。

A. 叶片马达适用于风动工具等中、低功率机械

B. 活塞式气动马达适用于绞车等低速大功率设备

C. 气动马达可实现无级调速

D. 具有较高起动转矩

7）摆动马达是一种实现往复摆动输出力矩的执行元件。常用的摆动马达最大摆动角度有（   ）。

A. 90°　　　　　　B. 180°　　　　　　C. 240°　　　　　　D. 270°

5. 方向控制阀的图形符号

1）下列图形符号属于二位五通换向阀的主体是（   ）。

A. ▢　　　　B. ▢　　　　C. ▢　　　　D. ▢

2）下列图形符号属于气控操纵方式的是（   ）。

A. ▢　　　　B. ▢　　　　C. ▢　　　　D. ▢

3）下列属于单气控二位阀的图形符号是（   ）

A. ▢　　　　B. ▢　　　　C. ▢　　　　D. ▢

4）图形符号 ▢ 表示双电控二位三通换向阀。（   ）

5）图形符号 ▢ 表示机动换向阀。（   ）

6）关于气动图形符号 ▢ 说法正确的是（   ）。

A. 单气动控制　　B. 实现开关功能　　C. 弹簧复位　　D. 二位二通

7）关于气动图形符号 ▢ 说法正确的是（   ）。

A. 回气路不同　　B. 双气动控制　　C. 二位四通　　D. 具有记忆特性

6. 气动减压阀的图形符号

1）下列属于气动减压阀图形符号的是（   ）。

A. ▢　　　　B. ▢　　　　C. ▢　　　　D. ▢

2）图形符号 ▢ 代表（   ）元件。

A. 溢流阀　　　　B. 顺序阀　　　　C. 减压阀　　　　D. 节流阀

3) 下列属于非溢流式减压阀的图形符号是（　　）。

A.　　　　　B.　　　　　C.　　　　　D.

4) 图形符号 表示气动溢流式减压阀。（　　）

5) 气动减压阀图形符号 ，A 表示进气口。（　　）

6) 关于气动图形符号 说法正确的是（　　）。

A. 减压阀　　　　　　　　　　B. 管口 A 为进气口

C. 属于气源三联件　　　　　　D. 可以溢流

7) 下列属于气动减压阀图形符号的是（　　）。

A.　　　　　B.　　　　　C.　　　　　D.

7. 流量控制阀的图形符号

1) 下列属于单向节流阀图形符号的是（　　）。

A.　　　　　B.　　　　　C.　　　　　D.

2) 下列属于排气节流阀的图形符号是（　　）。

A.　　　　　B.　　　　　C.　　　　　D.

3) 图形符号 代表元件（　　）。

A. 快速排气阀　　B. 调速阀　　C. 排气节流阀　　D. 梭阀

4) 图形符号 表示排气节流阀。（　　）

5) 图形符号 ，B 表示进气口。（　　）

6) 关于气动图形符号 说法正确的是（　　）。

A. 排气节流阀　　　　　　　　B. 管口 A 为进气口

C. 快速排气阀　　　　　　　　D. 管口 B 为进气口

7) 下列属于流量控制阀图形符号的是（　　）。

A.　　　　　B.　　　　　C.　　　　　D.

8. 气动逻辑元件的作用

1) 图形符号　　　　实现（　　）逻辑关系。

A. 或门　　　　B. 与门　　　　C. 禁门　　　　D. 非门

2) 双压阀实现的逻辑关系是（　　）。

A. 禁门　　　　B. 非门　　　　C. 或门　　　　D. 与门

3) 下列能够实现逻辑关系或的阀是（　　）。

A. 梭阀　　　　B. 双压阀　　　　C. 单向阀　　　　D. 三门元件

4) 当逻辑元件要相互串联时，一定要有足够的流量，否则可能推不动下一级元件。（　　）

5) 高压逻辑元件对气源过滤要求不高，可以使用加入油雾的气源进入逻辑元件。（　　）

6) 下列关于逻辑元件说法正确的是（　　）。

A. 实现一定逻辑功能的流体控制元件

B. 气动方向阀也具有逻辑元件的各种功能

C. 气动逻辑元件的尺寸较小

D. 尽量将元件集中布置，以便集中管理

7) 气压逻辑原件按结构分为（　　）。

A. 截止式　　　　　　　　B. 膜片式

C. 滑阀式　　　　　　　　D. 高压截止式

9. 换向回路的组成

1) 单作用换向回路，活塞杆在（　　）作用下缩回。

A. 弹簧　　　　B. 自重　　　　C. 压缩空气　　　　D. 人力

2) 组成换向回路必不可少的元件不包括（　　）。

A. 气源　　　　B. 换向阀　　　　C. 气缸　　　　D. 滤清器

3) 下图换向回路组成元件不包括（　　）。

A. 双压阀　　　　B. 梭阀　　　　C. 换向阀　　　　D. 单作用缸

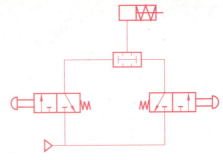

4）单作用换向回路中活塞杆在弹簧作用下缩回。（   ）

5）单作用换向回路与双作用换向回路区别在于气缸不同。（   ）

6）关于下图双作用缸换向回路说法正确的是（   ）。

A. 由三个换向阀与一个梭阀构成

B. 按钮换向阀同时按下缸伸出

C. 任意按下一个按钮换向阀缸伸出

D. 二位四通换向阀常态时缸处于缩回状态

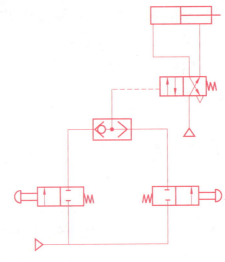

7）下图换向回路组成元件有（   ）。

A. 双压阀   B. 梭阀

C. 行程阀   D. 双气控式换向阀

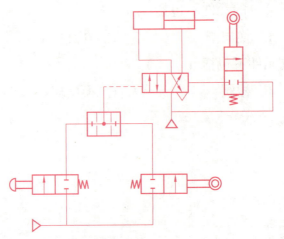

10. 速度控制回路的组成

1) 下列不属于速度控制回路的是（　　）。

A. 缓冲回路　　　　B. 速度切换回路　　C. 快速往复动作回路　D. 平衡回路

2) 对下图单作用缸伸出起到调速作用的阀是（　　）。

A. 换向阀　　　　B. 单向节流阀 1　　　C. 单向节流阀 2　　　D. 单作用缸

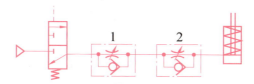

3) 下图对单作用缸缩回进行速度控制的是（　　）。

A. 换向阀　　　　　　　　　　　　　　B. 节流阀

C. 快速排气阀　　　　　　　　　　　　D. 弹簧

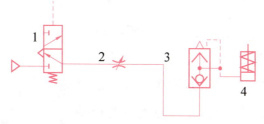

4) 气动速度控制回路必须有节流阀。（　　）

5) 缓冲环路不属于速度控制回路。（　　）

6) 下图回路说法正确的是（　　）。

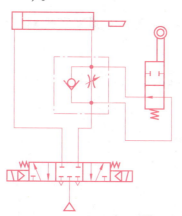

A. 能够实现快速、慢速两种速度　　　　B. 行程阀动作，系统慢速

C. 调节节流阀可以控制慢速动作速度　　D. 活塞慢速缩回

7) 下图速度切换回路说法正确的是（　　）。

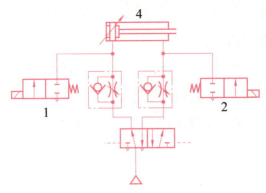

A. 电磁换向阀实现快慢速切换   B. 阀1得电，缸伸出快速

C. 阀2得电，缸伸出快速   D. 回路属于供气路调速

11. 压力控制回路的工作原理

1）（ ）回路用于调节和控制系统压力，使之保持在某一规定的范围之内。

A. 压力控制   B. 速度控制   C. 平衡   D. 锁紧

2）（ ）回路常采用外控溢流阀或采用电接点压力表来控制空气压缩机的转、停，使储气罐内压力保持在规定的范围内。

A. 一次压力控制   B. 二次压力控制   C. 卸荷   D. 锁紧

3）（ ）回路主要是对气动系统气源压力的控制。

A. 一次压力控制回路   B. 二次压力控制回路   C. 过载保护   D. 速度控制

4）一次压力控制回路采用电接点压力表来控制空气压缩机的转、停，对电机及控制要求较高，常用于对小型空压机的控制。（ ）

5）由气源三联件组成的主要由溢流减压阀来实现对气动系统气源压力控制的回路称为一次压力控制回路。（ ）

6）下图压力控制回路说法正确的是（ ）。

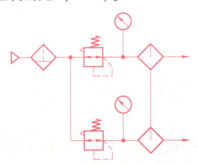

A. 实现2个压力输出   B. 减压阀调定输出压力

C. 气源首先通过滤清器过滤   D. 油雾器使气源具有润滑作用

7）下图二次压力控制回路说法正确的是（ ）。

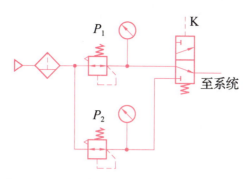

A. 同时实现两个压力输出　　　　　　　　B. 一般实现对气动系统气源压力控制

C. K 口无气源信号输出 P_1 压力　　　　　D. 可以进行双压力切换

12. 计数回路的工作原理

1) 下图二进制计数回路，换向阀 4 的换向位置，取决于（　　）的位置。

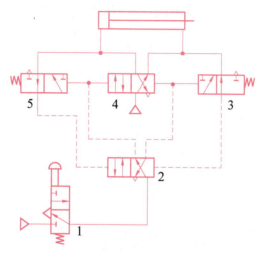

A. 阀 5　　　　　　B. 阀 3　　　　　　C. 阀 2　　　　　　D. 阀 1

2) 下图二进制计数回路，（　　）的换位又取决于阀 3 和阀 5。

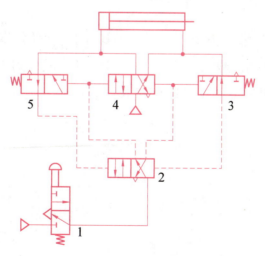

A. 阀 1　　　　　　B. 阀 2　　　　　　C. 阀 4　　　　　　D. 液压缸

3) 下图二进制计数回路，按下阀 1，空气信号经阀 2 至阀 4 的左端使阀 4 换至左位，同时使（　　）切断气路，此时气缸活塞杆伸出（　　）。

167

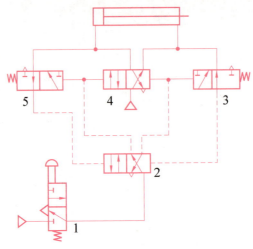

A. 阀 1　　　　　　B. 阀 2　　　　　　C. 阀 3　　　　　　D. 阀 5

4）二进制计数回路通过气缸的伸缩记录操作的奇偶次数。（　　）

5）气动计数回路可以准确记录气动系统的操作次数。（　　）

6）下图计数回路（　　）。

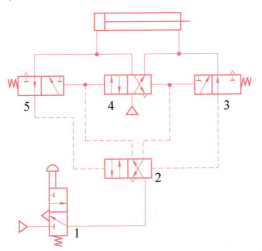

A. 阀 3、5 是为了避免缸来回振荡　　　　B. 阀 2 的换位取决于阀 3 和阀 5

C. 可以记录阀按下的奇偶次数　　　　　　D. 可以记录阀 1 按下的具体次数

7）下图计数回路，如果按下阀 1 的时间过长则有可能发生（　　）。

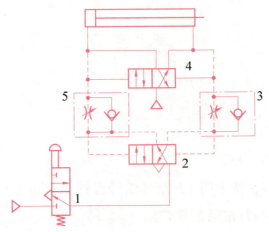

A. 气信号将经阀 5 通至阀 2 的左端　　　　B. 气信号将经阀 3 通至阀 2 的右端

C. 阀 2 频繁换向　　　　　　　　　　　　D. 气缸来回振荡

13. 延时回路的工作原理

1）在下图中，当 K 口有有气信号，回路（　　　）。

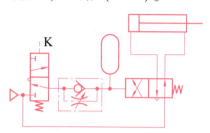

A. 接通　　　　　　B. 断开　　　　　　C. 延时接通　　　　　　D. 延时断开

2）下图的气压回路属于（　　　）回路。

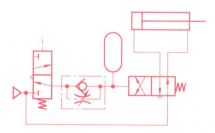

A. 接通　　　　　　B. 断开　　　　　　C. 延时接通　　　　　　D. 延时断开

3）下图的延时接通回路中，只需把（　　　）反接就可得到延时断开回路。

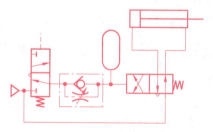

A. 单气控二位三通换向阀　　　　　　　　B. 单气控二位四通换向阀

C. 蓄能器　　　　　　　　　　　　　　　D. 单向节流阀

4）延时回路中，通过调节单向节流阀的开口大小来调节延时时间。（　　　）

5）延时回路是利用单向节流阀与蓄能器的组合进行延时的。（　　　）

6）下图延时回路（　　　）。

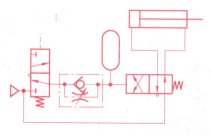

A. 延时断开　　　　　　　　　　　　　　B. 延时接通

C. 单向节流阀调节时间　　　　　　　　　D. K 口有信号换向阀马上换向

7）下图延时回路（　　）。

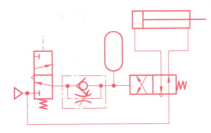

A. 延时断开

B. 单向节流阀调节时间

C. 延时接通

D. 单气控二位三通换向阀控制信号断开时，开始延时

14. 互锁回路的工作原理

1）一个气缸动作时，其他气缸则不允许动作的回路称为（　　）。

A. 互锁回路　　　　　　　　　　B. 过载保护回路

C. 延时回路　　　　　　　　　　D. 计数回路

2）多缸互锁回路主要利用（　　）及换向阀进行互锁。

A. 双压阀　　　　B. 梭阀　　　　C. 顺序阀　　　　D. 减压阀

3）多缸互锁回路如要改变气缸的动作，必须把前动作缸的气控阀（　　）才行。

A. 保持　　　　B. 暂停　　　　C. 复位　　　　D. 气路关闭

4）多缸互锁回路主要利用双压阀及换向阀进行互锁。（　　）

5）双缸互锁回路一个气缸动作时，另一个气缸不允许动作。（　　）

6）下图互锁回路说法正确的是（　　）。

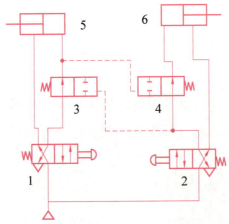

A. 一个缸伸出另一个缸不能动作　　　　B. 起到安全保护作用

C. 按钮换向阀2按下，换向阀3动作　　　D. 换向阀3、4起到锁紧作用

7）下图三缸互锁回路说法正确的是（　　）。

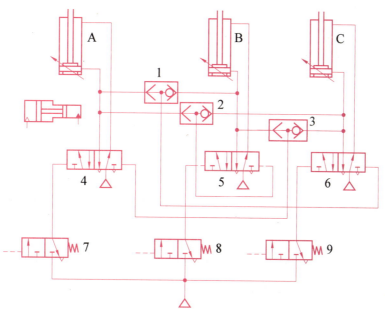

A. 利用梭阀和换向阀进行锁紧

B. 缸 A 伸出则换向阀 5、6 处于复位状态

C. 换向阀控制口 8 得气则换向阀 7、9 失灵

D. 梭阀实现逻辑与门

15. 过载保护回路的原理

1）在活塞杆伸出途中，因遇到偶然障碍或其他原因使气缸过载时，活塞自动返回，实现过载保护的回路称为（　　）。

A. 互锁回路　　　　B. 过载保护回路　　C. 延时回路　　　　D. 压力控制回路

2）在气动过载保护回路中，顺序阀的作用是（　　）。

A. 设定系统过载保护压力　　　　　　B. 调定系统工作压力

C. 设定系统额定压力　　　　　　　　D. 设定系统最小工作压力

3）在气动过载保护回路中，设定系统过载保护压力的元件是（　　）。

A. 行程阀　　　　　B. 减压阀　　　　　C. 梭阀　　　　　　D. 顺序阀

4）若系统过载，过载保护回路中的顺序阀关闭。（　　）

5）系统正常工作，在过载保护回路中的顺序阀阀芯处于关闭状态。（　　）

6）下列关于过载保护回路说法正确的是（　　）。

A. 防止系统压力过高　　　　　　　　B. 过载时顺序阀打开

C. 过载时顺序阀关闭　　　　　　　　D. 顺序阀出气口有气则气缸停止或缩回

7）根据下图说法正确的是（　　）。

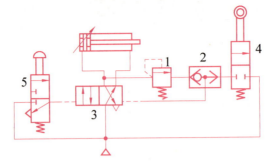

A. 按下手动换向阀5，缸伸出 B. 碰到行程阀4，缸缩回

C. 顺序阀打开缸缩回 D. 梭阀2实现逻辑或

16. 双手同时操作回路的原理

1)（ ）回路就是起动时需要两个手动阀同时动作才可以动作的回路。

A. 双手同时操作 B. 过载保护 C. 同步 D. 手动换向

2) 双手同时操作回路在起动时需要两个（ ）同时动作。

A. 气泵 B. 气缸 C. 换向阀 D. 气动马达

3)（ ）回路是为了避免误动作，保护操作者安全及设备正常工作。

A. 过载保护 B. 同步 C. 互锁 D. 双手同时操作

4) 双手同时操作回路主要是为了避免系统过载运行。（ ）

5) 双手同时操作回路需要两个手动换向阀同时动作。（ ）

6) 下列关于双手同时操作回路说法正确的是（ ）。

A. 避免误动作

B. 两个手动换向阀同时操作才可起动

C. 两个手动换向阀一般安装在不能单手同时操作的距离上

D. 两个手动换向阀互锁

7) 根据下图说法正确的是（ ）。

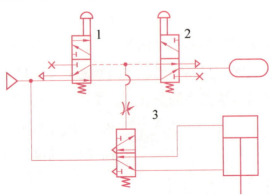

A. 同时按下阀1、2缸才可动作

B. 蓄能器为阀4提供换向气信号

C. 节流阀3使阀4延时切换

D. 任意一个手动阀不能复位蓄能器中压缩空气，将排到大气

17. 多缸顺序动作回路的原理

1）采用顺序阀控制的多缸顺序动作回路主要是通过系统（   ）进行顺序控制。

A. 流量　　　　　　B. 压力　　　　　　C. 行程阀　　　　　　D. 电信号

2）采用（   ）控制可以将系统的压力信号转换成电信号进行系统的多缸顺序动作回路。

A. 顺序阀　　　　　B. 行程阀　　　　　C. 压力继电器　　　　D. 行程开关

3）采用顺序阀控制的多缸顺序动作回路，当系统工作压力（   ）时，顺序阀打开其他缸动作。

A. 大于顺序阀设定压力　　　　　　　　B. 小于顺序阀设定压力

C. 大于系统额定压力　　　　　　　　　D. 小于系统额定压力

4）采用行程开关控制可以将系统的压力信号转换成电信号进行系统的多缸顺序动作回路。（   ）

5）多缸顺序动作回路中，工作压力超过顺序阀设定值时，顺序阀打开其他缸开始动作。（   ）

6）下列双缸顺序动作回路说法正确的是（   ）。

A. 单向顺序阀 5 打开，气缸 6 开始伸出

B. 单向顺序阀 5 打开，气缸 7 开始伸出

C. 单向顺序阀 4 打开，气缸 6 开始缩回

D. 单向顺序阀 4 打开，气缸 7 开始缩回

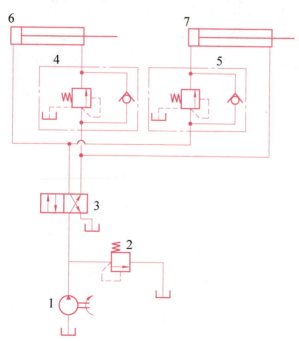

7）下图顺序动作回路说法正确的是（   ）。

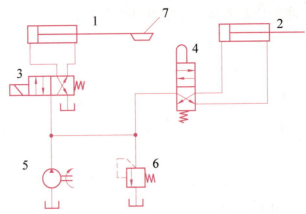

A. 初始两气缸处于缩回状态 B. 滑铁 7 碰到行程阀缸 2 伸出

C. 缸 1 缩回缸 2 才能缩回 D. 滑铁 7 离开行程阀缸 2 缩回

18. 气压传动系统安装与调试的步骤

1) （   ）的安装方式主要有刚性安装和柔性安装两种。

A. 气缸　　　　　B. 气管　　　　　C. 气泵　　　　　D. 气动马达

2) 安装过程中，应保证软管的曲率半径是软管外径的（   ）以上。

A. 1 倍　　　　　B. 2 倍　　　　　C. 3 倍　　　　　D. 5 倍

3) （   ）安装方式适用于长行程气缸和松软结构。

A. 刚性安装　　　B. 枢轴安装　　　C. 铰链连接　　　D. 悬臂支架

4) 在气缸安装完成后，应确保活塞杆在整个行程范围内能够自由移动。（   ）

5) 气管安装时必须保证合适的长度，防止在软管连接处出现过大的锐角弯曲。（   ）

6) 下列属于气缸柔性安装的是（   ）。

A. 枢轴安装　　　B. 铰链安装　　　C. 悬臂安装　　　D. 螺栓固定安装

7) 下列属于气管安装要求的是（   ）。

A. 防止软管连接处锐角弯曲过大　　　B. 气管不能扭曲盘旋

C. 软管曲率半径是外径的 5 倍以上　　D. 软管不能弯曲

附 件

附件1：气缸标准输出力参考

表1 气缸标准输出力对照

缸径 D/mm	活塞杆直径 d/mm	输出力 F/N	受压面积 /cm²	工作压力/MPa						
				0.2	0.3	0.4	0.5	0.6	0.7	0.8
12	6	F_1	1.13	22.6	33.9	43.2	56.5	67.8	79.1	90.4
		F_2	0.85	17.0	25.5	34.0	42.5	51.0	59.5	68.0
16	6	F_1	2.01	40.2	60.3	80.4	100.5	120.6	140.7	160.8
		F_2	1.72	34.4	51.6	68.8	86.0	103.2	120.4	137.6
20	8	F_1	3.14	62.8	94.2	125.7	157.1	188.5	220.0	251.0
		F_2	2.64	52.8	792	105.6	132.0	158.4	184.8	211.2
25	10	F_1	4.91	98.2	1473	1963	245.0	294.0	344.0	393.0
		F_2	4.12	82.4	123.4	164.8	206.0	247.2	288.4	329.6
32	12	F_1	8.03	160.6	240.9	321.2	401.5	481.8	562.1	642.4
		F_2	6.91	138.2	207.3	276.4	345.5	414.6	483.7	552.8
40	14	F_1	12.57	251.0	377.0	503.0	628.0	754.0	880.0	1 010.0
		F_2	11.03	220.6	330.9	441.2	551.5	661.8	772.1	882.4
40	16	F_1	12.57	251.0	377.0	503.0	628.0	754.0	880.0	1 010.0
		F_2	10.56	211.0	317.0	422.0	528.0	633.0	799.0	844.0

续表

缸径 D/mm	活塞杆直径 d/mm	输出力 F/N	受压面积 /cm²	工作压力/MPa						
				0.2	0.3	0.4	0.5	0.6	0.7	0.8
50	20	F_1	19.63	393	589	785	982	1 178	1 374	1 571
		F_2	16.49	330	495	660	825	990	1 155	1 319
63	20	F_1	31.2	623	935	1 247	1 559	1 870	2 180	2 490
		F_2	28.0	561	841	1 121	1 402	1 682	1 962	2 240
80	25	F_1	50.3	1 005	1 508	2 010	2 510	3 020	3 520	4 020
		F_2	45.4	907	1 361	1 814	2 270	2 720	3 170	3 630
100	30	F_1	78.5	1 571	2 360	3 140	3 930	4 710	5 500	6 280
		F_2	71.5	1 429	2 140	2 860	3 570	4 290	5 000	5 720
125	32	F_1	122.7	2 450	3 6S0	4 910	6 135	7 360	8 590	9 820
		F_2	114.6	2 290	3 440	4 580	5 730	6 880	8 020	9 170
160	40	F_1	201.0	4 020	6 030	8 040	10 050	12 060	14 070	16 080
		F_2	188.4	3 760	5 650	7 530	9 400	11 300	13 180	15 070
200	40	F_1	314.2	6 280	9 420	12 560	15 710	18 850	21 990	25 130
		F_2	301.4	6 020	9 040	12 050	15 070	18 080	21 090	24 110

气缸输出力：$F = P \dfrac{d^2 \cdot \pi \cdot 10}{4}$；实际输出力：$F' = F \times 85\%$。

注：F_1 = 气缸推力；F_2 = 气缸拉力；1 N = 0.1 kgf；1 MPa = 10 kg/cm²。

附件2：气缸内径与活塞杆圆整值

表2 气缸内径圆整值

气缸内径圆整值/mm	8	10	12	16	20	25	32
	40	50	63	80	(90)	100	(110)
	125	(140)	160	(180)	200	(220)	250
	(280)	320	(360)	400	(450)	—	—

注：表中带括号值不是优先选用值。

表3　活塞杆直径圆整值

活塞杆直径圆整值/mm						
4	5	6	8	10	12	14
16	18	20	22	25	28	32
36	40	45	50	56	63	70
80	90	100	110	125	140	160
180	200	220	250	280	320	360

附件3：气动系统常见故障及排除

表4　气动系统压力异常故障及排除

故障现象	故障原因	排除方法
系统无气压	气源开关阀、流量控制阀、起动阀等没有打开	检查开启阀门
	气道管路堵塞、扭曲、压扁	修正、更换气管
	滤芯堵塞或冻结	更换滤芯
	环境或介质温度低导致管路冻结	及时除凝，增加除水设备
	换向阀未动作换向	检查故障原因后排除
系统压力不足	气源供气不足，耗气量大	选择合适规格的空压机和相当容积的气罐
	气路漏气严重	更换损坏的密封件或软管，紧固管接头及螺钉
	空压机活塞环等磨损	检查更换零件
	减压阀输出压力低	调节减压阀至使用压力
	流量阀开度过小	将流量控制阀开口度打到合适大小
	管路细长或管接头选用不当	加粗管路内径，选用流通能力强的管接头及气阀，重新设计气路
	各支路流量匹配不合理	采用环形供气设计，改善支路流量匹配性能
气路异常增压	减压阀损坏异常	更换减压阀
	外部振动冲击引起冲击压	选择合适部位安装安全阀或压力继电器

表 5　气缸故障及排除

故障现象		故障原因	排除方法
气缸外泄	活塞杆端漏气	活塞杆有伤痕或密封圈磨损	更换活塞杆或密封圈
		活塞杆安装偏心	重新安装调整，使活塞杆不受偏心和横向负荷
		轴承配合有杂质	清洗除杂，安装更换防尘罩
		润滑油供油不足	检查油雾器
	缸筒与缸盖间漏气	密封圈损坏	更换密封圈
	缓冲调节处漏气	密封圈损坏	更换密封圈
气缸内泄	活塞两侧串气	活塞密封圈损坏	更换密封圈
		润滑不良	检查油雾器
		活塞卡住、配合面有缺陷	重新安装调整，使活塞杆不受偏心和横向负荷
		杂质挤入密封面	除杂，采用净化压缩空气
输出力不足，动作不平稳		外负载变动大	提高压力、加大缸径
		润滑不良	检查油雾器
		活塞或活塞杆卡住	重新安装调整，消除偏心和横向负荷
		供气流量不足	加大连接或管接头口径
		有冷凝水杂质	用净化、干燥的压缩空气
缓冲效果不良		缓冲密封圈磨损	更换密封圈
		调节螺钉损坏	更换调节螺钉
		气缸速度太快	见下
气缸爬行		低于最低使用压力	提高使用压力
		气缸内泄漏大	排除泄漏
		回路耗气量变化大	增设气罐
		负荷过大	增大气缸内径
气缸速度太快		缺少速度控制阀	增加速度控制阀
		速度控制阀尺寸不合适	选择调节范围合适的阀
		回路设计不合理	使用气-液阻尼缸或气-液转换器控制低速运动

续表

故障现象		故障原因	排除方法
气缸速度太慢		气压不足或负载过大	提高压力或增大缸径
		速度控制阀开度太小	调整速度控制阀开度
		供气量不足	见表4
		排气量不足	更换大通径元件或使用快排使气缸快速排气
		气缸摩擦力增大	改善润滑条件
		缸筒或活塞密封圈损伤	更换密封圈
损伤	活塞杆损伤	存在偏心，安装不同轴	保证导向装置的滑动面与气缸轴线平行
		存在横向负荷	使用导轨消除横向负荷
	缸盖损坏	缓冲机构存在问题	外部回路中合理设置缓冲机构
气液联用缸内存在气泡		因漏油造成油量不足	检查漏油原因，补足油量
		液缸油路节流处出现气蚀	防止节流过大，阀口过小
		油中未添加消泡剂	加消泡剂

表6　减压阀故障及排除

故障现象	故障原因	排除方法
压力升不高	调压弹簧故障	更换弹簧
	膜片撕裂	更换膜片
	阀口径太小	更换大口径阀
	阀内混入异物	清洗阀
	阀下部积存冷凝水	排除积水
阀体漏气	密封件损坏	更换密封件
	弹簧松弛	调紧弹簧
阀口压力变化波动大	减压阀或进出口通径过小，输出流量变动大导致压力变动大	根据回路最大输出流量选用合适的阀或配管通径
	进气阀芯或阀座间导向不良	更换阀芯或修复
	弹簧弹力减弱，弹簧错位	更换弹簧
	耗气量变化使阀频繁启闭引起阀的共振	尽量稳定耗气量

续表

故障现象	故障原因	排除方法
压力降不下，阀口压力高	复位弹簧受损	更换弹簧
	阀杆产生变形	更换阀杆
	阀座有异物、阀芯密封垫剥离	清洗阀，更换密封圈

表7 溢流安全阀故障及排除

故障现象	故障原因	排除方法
压力达到预设值但不工作	阀芯内部孔口堵塞或先导部分进入杂质	阀芯清洗
压力未达到设定值，溢流口有气体溢出	阀芯内进入杂质	阀芯清洗
	阀芯膜片破裂	更换膜片
	阀座损坏	调换阀座
	调压预紧弹簧损坏	更换弹簧
溢流排气时发生振动	压力上升慢，溢流阀放出流量多	出口处安装针阀，微调调压旋钮使其与压力上升量匹配
	气源与溢流阀间存在节流导致阀进气口压力上升慢	增大气源与溢流阀间管路通径
阀体漏气	阀芯膜片破裂	更换膜片
	密封件受损	更换密封件
预紧压力调不高	调压弹簧受损	更换弹簧
	阀芯膜片破裂	更换膜片

表8 换向阀故障及排除

故障现象	故障原因	排除方法
不能换向	阀芯滑动阻力大	加润滑油润滑
	密封圈变形，摩擦力增大	更换密封圈
	弹簧损坏或膜片破裂	更换弹簧或膜片
	换向操纵力过小	检查阀的操纵定位装置
	阀芯锈蚀	更换阀
	杂质卡住滑动部分	清除杂质
	配合太紧	重新装配

续表

故障现象	故障原因	排除方法
电磁铁吸合问题产生蜂鸣声	铁芯吸合面有脏物或生锈	清除脏物或铁锈
	活动铁芯铆钉脱落，叠层分开无法吸合	更换活动铁芯
	弹簧太硬或卡死	调整或更换弹簧
	电磁铁电压低于额定电压	检查电路调整电压
线圈烧毁	环境使用温度过高	规范使用
	换向过于频繁	更换换向频率更高的阀
	线圈电压过高	更改适配电压
	主体与铁芯之间有杂质，活动铁芯不吸合	清除杂质

表9　空气过滤器故障及排除

故障现象	故障原因	排除方法
漏气	排水阀失灵	更换排水阀
	密封不良	更换密封件
进、出口压力降过大	过滤精度过高，滤芯阻力大	选用合适精度的过滤器
	杂质过多，滤芯堵塞	清洗或更换滤芯
	滤芯公称流量过小	更换大流量过滤器
出口有冷凝水	未及时排除冷凝水	定期排水或选用自动排水器
	自动排水器故障	更换自动排水器
	过滤器通流能力过小	选择更大通流能力的过滤器
塑料杯损坏	环境中存在有机溶剂	选择金属杯
	气源中输入焦油物质	更换空压机润滑油或采用金属杯
	空压机吸入对塑料有害的物质	选择金属杯

表10　密封圈故障及排除

故障现象	故障原因	排除方法
挤出	压力过高	避免高压
	沟槽不匹配	更换合适类型密封圈
	间隙过大或放入状态有误	重新装配

续表

故障现象	故障原因	排除方法
老化	温度过高、自然老化、低温硬化	更换密封圈
扭转	存在横向载荷	消除横向载荷
表面损伤	摩擦损耗	检查密封圈质量、表面加工精度
	润滑不良	进行润滑，改善润滑条件
膨胀	材质与润滑油产生反应	更换润滑油或密封圈材质
粘着变形	压力过高	检查使用条件、安装尺寸与材质
	润滑或安装不良	检查使用条件、安装尺寸与材质

表 11　消声器与排气口故障及排除

故障现象	故障原因	排除方法
冷凝水析出	冷凝水未及时排放	定期及时排放冷凝水，检查自动排水器是否正常
	后冷却器性能不够	重新选择适配后冷却器
	空气压缩机进气口环境潮湿或进水	调整空气压缩机位置，避免进水
	缺少除水装备	增设干燥器、后冷却器、过滤器等设备
	出水设备靠近空压机	除水设备与空压机保持一定距离
	瞬时耗气量过大	选择除水能力更强的设备
有杂质排出	空压机吸气口或气路排气口混入杂质灰尘	空压机入口处加粗过滤器，排气口加消声器，灰尘杂质多时加保护罩
	内部运动产生金属屑等杂质	元件选用耐锈防腐蚀的材料，保证良好的润滑
	安装检修时混入杂质	安装检修时应避免杂质混入，安装后用高压空气吹洗干净
有油雾喷出	油雾器安装位置不当，离气缸过远	油雾器应尽量靠近需润滑元件，选择合理位置
	油雾器规格、品种选用不当	更换适配的油雾器
	油雾器供应多气缸，分配不均匀	油雾器独立供应单一气缸

附件4：气动系统常见图形符号

表12 动力与执行元件常见符号（摘自 GB/T 786.1—2009）

名称与描述	图形符号	名称与描述	图形符号
摆动气缸或摆动马达限制摆动角度，双向摆动		单作用的半摆动气缸或摆动马达	
马达		空气压缩机	
变方向定流量双向摆动马达		真空泵	
单作用单杆缸，靠弹簧力返回行程，弹簧腔室有连接口		双作用单杆缸	
单作用压力介质转换器，将气体压力转换为等值的液体压力，反之亦然		单作用增压器，将气体压力转换为更高的液体压力	P_1　P_2

表13 控制机构常见符号（摘自 GB/T 786.1—2009）

名称与描述	图形符号	名称与描述	图形符号
带有分离把手和定位销的控制机构		带有定位装置的推或拉控制机构	
具有可调行程限制装置的柱塞		手动锁定控制机构	
单作用电磁铁，动作指向阀芯		单作用电磁铁，动作背离阀芯	
单作用电磁铁，动作指向阀芯，连续控制		单作用电磁铁，动作背离阀芯，连续控制	
电气操纵的气动先导控制机构		单方向行程操纵的滚轮手柄	

183

表 14　换向阀常见符号（摘自 GB/T 786.1—2009）

名称与描述	图形符号	名称与描述	图形符号
二位二通方向控制阀，推压控制机构，弹簧复位，常闭		二位二通方向控制阀，电磁铁操控，弹簧复位，常开	
二位四通方向控制阀，电磁铁操纵，弹簧复位		气动软起动阀，电磁铁操纵内部先导控制	
二位三通方向控制阀滚轮杠杆控制，弹簧复位		二位三通方向控制阀，电磁铁操纵，弹簧复位，常闭	
二位三通方向控制阀，单电磁铁操纵，弹簧复位，定位销式手动定位		二位三通方向控制阀，差动先导控制	
三位四通方向控制阀，弹簧对中，双作用电磁铁直接操纵，不同中位机能的类别		二位五通方向控制阀，踏板控制	
		三位五通方向控制阀，手动拉杆控制，位置锁定	
		二位五通气动方向控制阀，单电磁铁，外部先导供气，手动操纵，弹簧复位	
三位五通直动式气动方向控制阀，弹簧对中，中位时两出口都排气		二位五通气动方向控制阀，电磁铁先导控制，外部先导供气，气压复位，手动辅助	

表 15　压力阀常见符号（摘自 GB/T 786.1—2009）

名称与描述	图形符号	名称与描述	图形符号
弹簧调节开启压力的直动式溢流阀		外部控制的顺序阀	
内部流向可逆调压阀		调压阀，远程先导可调，溢流，只能向前流动	

表16 节流阀与单向阀常见符号（摘自 GB/T 786.1—2009）

名称与描述	图形符号	名称与描述	图形符号
节流阀		单向节流阀	
滚轮柱塞操纵的弹簧复位流量控制阀		单向阀，只能在一个方向流动	
带有复位弹簧的单向阀，只能在一个方向流动，常闭		带有复位弹簧的先导式单向阀，先导压力允许在两个方向自由流动	

表17 其他常见元件符号（摘自 GB/T 786.1—2009）

名称与描述	图形符号	名称与描述	图形符号
压力表		压差器	
流量指示器		流量计	
过滤器		手动排水流体分离器	
带手动排水分离器的过滤器		自动排水流体分离器	
空气干燥器		手动排水式油雾器	
油雾器		气罐	

参 考 文 献

[1] 高殿荣,王益群. 液压工程师技术手册(第二版)[M]. 北京:化学工业出版社,2015.
[2] 潘玉山. 气动与液压技术[M]. 北京:机械工业出版社,2015.
[3] 左建民. 液压与气压传动(第五版)[M]. 北京:机械工业出版社,2021.
[4] 徐炳辉. 气动手册[M]. 上海:上海科学技术出版社,2005.
[5] 章宏甲,黄谊. 液压与气动传动[M]. 北京:机械工业出版社,2000.
[6] 陆元章. 现代机械设备设计手册[M]. 北京:机械工业出版社,1996.
[7] 徐益清,胡小玲. 气压与液压传动控制技术[M]. 北京:电子工业出版社,2014.
[8] 周德繁. 液压与气压传动(第4版)[M]. 哈尔滨:哈尔滨工业大学出版社,2023.
[9] 李博洋,陈爱玲. 液压与气压传动技术[M]. 北京:化学工业出版社,2016.
[10] 刘延俊. 液压与气压传动[M]. 北京:清华大学出版社,2018.
[11] 刘建明. 液压与气压传动[M]. 北京:机械工业出版社,2016.
[12] 时彦林. 液压与气压传动[M]. 北京:化学工业出版社,2018.